Klaus | Bergmann – Auerhühner & Co.

Siegfried Klaus

Hans-Heiner Bergmann

Auerhühner & Co.

Heimliche Vögel in wilder Natur

unter Mitarbeit von

Alexander V. Andreev, Franz Hafner und Christian Marti

AULA-Verlag Wiebelsheim

Dr. Siegfried Klaus
Lindenhöhe 5
D-07749 Jena
E-Mail: siegi.klaus@gmx.de

Prof. Dr. Hans-Heiner Bergmann
Landstr. 44
D-34454 Bad Arolsen
E-Mail: bergmannhh@web.de

Bibliografische Information der Deutschen Nationalbibliothek
Die Deutsche Nationalbibliothek verzeichnet diese Publikation in der Deutschen Nationalbibliografie; detaillierte bibliografische Daten sind im Internet über http://dnb.d-nb.de abrufbar.

Umschlagfotos: F. Hafner (Sichelhahn) S. Klaus (Auerhahn, Birkhühner), J. Ylikangas (Haselhahn).
Druck und Verarbeitung: Westermann Druck Zwickau GmbH
Printed in Europe/Imprimé en Europe
ISBN 978-3-89104-835-1

Inhaltsverzeichnis

Vorwort

Dieses Buch soll dem Leser die Schönheit und die Besonderheit der in Europa und Asien lebenden Raufußhuhnarten in leicht verständlichen Texten und ausgewählten Fotos nahebringen. Dabei kommen an erster Stelle unsere heimischen waldbewohnenden Arten Auerhuhn, Birkhuhn und Haselhuhn in Betracht. Interessanterweise gibt es zu jeder von ihnen eine nahe verwandte Geschwisterart. Diese Verwandten leben in schwer zugänglichen Hochgebirgen Chinas, im Kaukasus oder in der Wildnis Sibiriens – ein Grund dafür, dass über sie bisher wenig bekannt war, und für uns ein Ansporn, Wissenslücken zu schließen. Daher haben wir über Jahrzehnte hinweg den in Mitteleuropa kaum bekannten Raufußhühnern des Ostens viele Forschungsreisen gewidmet. So werden aufschlussreiche Vergleiche mit unseren heimischen Arten möglich. Beim Auerhuhn ist es das Steinauerhuhn in der nordostsibirischen Lärchentaiga. Zum Birkhuhn gibt es als nächsten Verwandten das Kaukasusbirkhuhn, das an der oberen Waldgrenze im Kaukasus zu Hause ist. Und unserem Haselhuhn am nächsten verschwägert lebt das Chinahaselhuhn in den letzten Hochgebirgswäldern Zentralchinas. Hinzu kommt in einem eng begrenzten Areal das Sichelhuhn in den Tannen-Fichten-Urwäldern des Fernen Ostens Russlands in der Amurregion. Dementsprechend kann dieses Buch dem Wissen über die heimischen Raufußhühner wesentliche neue Erkenntnisse über die fernen Verwandten in der Alten Welt hinzufügen. Ein Teil der Ergebnisse jahrzehntelanger Arbeit, auch zu den verwandten Arten, ist bereits in unsere früher erschienenen Monografien eingeflossen: „Die Auerhühner", „Die Birkhühner" (Neue Brehm-Bücherei, A. Ziemsen Verlag) und „Die Haselhühner" (Neue Brehm-Bücherei, Westarp Wissenschaften).

Zu den bisher genannten Arten gesellen sich die Schneehühner. Das Alpenschneehuhn besiedelt außer den Alpen die Hochgebirge Skandinaviens und weitere Hochgebirge der Alten und Neuen Welt, aber auch die Tundren bis zu den arktischen Küsten und Inseln. Auch das Moorschneehuhn ist rund um den Nordpol verbreitet. Während beide Schneehuhnarten im Winter ein weißes Tarnkleid anlegen, bleibt das Schottische Moorschneehuhn als naher Verwandter des Moorschneehuhns im schneearmen Großbritannien auch im Winter braun.

In den Texten dieses Buches geht es vor allem darum, jede der Arten mit ihren besonderen Eigenheiten und Anpassungen im Rahmen der Familie der Raufußhühner zu kennzeichnen und ihre Lebensweise in den unterschiedlichsten Biotopen verständlich zu machen. Im allgemeinen Teil werden Eigenheiten der Raufußhühnerfamilie behandelt, die mehr oder weniger für alle Vertreter Gültigkeit besitzen. Wir verzichten darauf, Verbreitungskarten wiederzugeben. Solche finden sich für alle Arten in Handbüchern und Übersichtsartikeln (Potapov 1985, del Hoyo et al. 1994, Storch 2007, Potapov & Sale 2013). Quellen für Karten einzelner Arten werden jeweils in den Artkapiteln aufgeführt.

Im speziellen Teil haben wir aus der inzwischen fast unübersehbaren Fülle von Publikationen für jede Art charakteristische Schwerpunkte ausgewählt, in die viele eigene Forschungsresultate eingeflossen sind. Am Ende jedes Artkapitels werden Federtafeln und wichtige Fakten aus der Biologie der einzelnen Arten zur Ergänzung angefügt.

Besser als Worte können die Farbaufnahmen dieses Bandes die Schönheit der Raufußhühner dem Betrachter nahebringen. Farbmuster, Bewegungen und Lautäußerungen erreichen in einer oft spektakulären Balz ihren Höhepunkt, die in ausgewählten Videosequenzen dargestellt wird. Auch die wichtigsten Etappen ihres Jahreszyklus werden durch Fotos am besten erfasst. Die erlesenen Fotos dieses Buches wurden uns von den besten Fotografen zur Verfügung gestellt. Sie werden ergänzt durch Federtafeln mit Ei und Küken, die Franz Müller mit meisterlicher Hand geschaffen hat. Dadurch erübrigen sich ausführliche Gefiederbeschreibungen.

Während fast alle Arten früher jagdlich oft in großem Umfang genutzt wurden, sind Auer-, Birk- und Haselhuhn in Deutschland und Mitteleuropa zu Sorgenkindern des Naturschutzes geworden, anders als in Skandinavien, Russland und einigen Alpenländern. Auch die jagdlich motivierte Forschung hat sich daher besonders auf diese Artengruppe konzentriert. Lebensraumansprüche und Rückgangsursachen gelten daher heute als gut bekannt. Die Umsetzung dieser Kenntnisse in wirksamen Schutz gelingt aber oft nur mühsam und leider nur in Einzelfällen. Ein wichtiges Ziel dieses Buches ist es daher, die wachsende Bedrohung der Raufußhühner deutlich zu machen und für den Schutz dieser Arten und ihrer Lebensräume Grundlagen zu liefern.

Für einige Arten ist es uns gelungen, die besten Kenner zur Mitarbeit zu gewinnen: Alexander V. Andreev, Institut für Probleme des Nordens der Russischen Akademie der

Wissenschaften in Magadan, widmete viele Expeditionen u. a. der Erforschung von Steinauerhuhn und Sichelhuhn im Fernen Osten Sibiriens, nicht selten unter Extrembedingungen. An einigen dieser Expeditionen durften wir teilnehmen. Das gilt auch für den Naturfilmer Franz Hafner aus Kärnten, der als Ergebnis seiner Filmarbeiten und Expeditionen im russischen Fernen Osten einzigartige Bilddokumente in unser Buch eingebracht hat.

Christian Marti, Schweizerische Vogelwarte Sempach, hat im Aletschgebiet seine Dissertation zum Birkhuhn und Alpenschneehuhn unter der Leitung von Prof. U.N. Glutz von Blotzheim angefertigt und danach das jährliche Monitoring beider Arten im Aletschgebiet und an weiteren Hochgebirgsorten der Schweiz kontinuierlich fortgeführt – heute nach über 40 Jahren eine ergiebige Quelle an Informationen, u. a. auch zum Einfluss des sich wandelnden Klimas auf Birk- und Schneehuhn. Alexander V. Andreev und Christian Marti sind Co-Autoren unserer früher erschienenen Monografien in der Neuen Brehm-Bücherei.

Siegfried Klaus und Hans-Heiner Bergmann
Jena und Bad Arolsen, im Mai 2020

Faszination Raufußhühner – die ganze Familie im Blick

Unsere erste Begegnung mit einem Raufußhuhn liegt Jahrzehnte zurück. Am zeitigen Morgen überflog eine Auerhenne laut rufend eine Schlucht in der Sächsischen Schweiz und landete im Heidelbeerkraut auf einem Felsplateau. Dort fanden wir kurz darauf den Balzplatz mit fünf Auerhähnen. Heute ist dort unser größter Waldvogel längst ausgestorben, aber das Bild der sich auf den Felskanzeln in der Morgensonne drehenden Hähne, mit metallisch grün schillernder Brust, den tiefroten Rosen und dem schwarzen Schwanzfächer, bleibt unauslöschlich im Gedächtnis haften.

Ein eigentümlicher Zauber geht von diesen Vögeln aus. Ihre Scheu, Seltenheit und ihr heimliches Leben, aber auch die auffallenden Farbmuster des Gefieders, die bei der Balz attraktiv hervortreten, machen sie zu etwas Besonderem in der Vogelwelt. Raufußhühner heißen sie, weil sie „raue" , eigentlich bepelzte Füße haben: Ihre Füße sind oft bis zu den Zehen befiedert

Imponierender Auerhahn – rote Überaugenwülste, die „Rosen", gespreizter Kehlbart, grünes Brustschild, Schwanzfächer und der weiße Flügelbugfleck fallen besonders ins Auge. Hamra, Mittelschweden.

Befiederter Fuß eines einjährigen Auerhahns. Die Zehenstifte sind im April voll ausgebildet.

– eine Anpassung an kaltes Klima. Mit derart befiederten Läufen, bei Schneehühnern und beim Steinauerhuhn auch befiederten Zehen, halten sie die winterliche Kälte in ihren Lebensräumen aus, sie können damit besser auf dem Schnee laufen und sogar darin graben, um in einer Schneehöhle zu übernachten. Und so sehen sie manchmal aus, als hätten sie dicke Socken oder Wollgamaschen an ihren Füßen. Ein Sporn, wie er an den Läufen von Glattfußhühnern häufig entwickelt ist, fehlt den Raufußhühnern. Doch sind seitlich an ihren Zehen stiftartige Verlängerungen entwickelt, die bei der Bewegung auf der Schneedecke, beim Graben im Schnee, möglicherweise auch beim Klettern auf dünnen Zweigen der Bäume im Winter, ebenfalls nützlich sein könnten. Diese Zehenstifte, eine Art von unvollständig ausgebildeten Federn, nutzen sich im Laufe des Jahres ab und werden erst mit der sommerlichen Vollmauser erneuert. Die sogenannten Rosen sind häutige, kammartig oder wulstig geformte Anhänge oberhalb der Augen, meist von leuchtend roter Farbe, die schwellbar sind und bei den Hähnen zur Fortpflanzungszeit besonders auffallen. In Ruhezeiten können sie durch Federn teilweise oder ganz verdeckt werden.

Raufußhühner waren oder sind auch heute noch in vielen Ländern beliebte Jagdobjekte. Sie wurden daher länger und intensiver erforscht als manche andere Vogelfamilie. Ihre oft spektakuläre Balz zieht Naturfreunde immer wieder in ihren Bann. Einige Arten, wie die Birkhühner, versammeln sich auf engräumigen Balzplätzen, so genannten Arenen; bei Auerhühnern sind die Balzplätze weniger stark konzentriert – die Hähne sind meistens eher in Hör- als in Sichtweite. Bei Auer- und Birkhuhn und ihren Geschwisterarten Steinauerhuhn und Kaukasusbirkhuhn sind die Geschlechterunterschiede stark ausgeprägt: Die überwiegend schwarz gefärbten Hähne sind viel größer und schwerer als die tarnfarbig braunen Weibchen. Beim Sichelhuhn sind Männchen und Weibchen

In der Balzzeit sind beim mehrjährigen Birkhahn die warzigen Rosen besonders auffallend. Hamra, Mittelschweden.

Birkhähne grenzen auf dem Gruppenbalzplatz, auch Arena genannt, ihre relativ kleinen Reviere ab. Hamra, Mittelschweden.

unterschiedlich gefärbt, aber ihre Gewichte sind fast gleich. Bei den Hasel- und Schneehuhnarten unterscheiden sich die Geschlechter nur geringfügig. Sie leben paarweise in Revieren, die gegen Nachbarn verteidigt werden, wogegen die versteckt lebenden Sichelhühner der Amurtaiga bei geringer Siedlungsdichte ihre Balzreviere als Einzelgänger etablieren, bei hoher Dichte aber auch eine Gruppenbalz vollführen.

Stammbaum und erdgeschichtliche Vergangenheit

Über die Herkunft und Verwandtschaft der Raufußhühner wissen wir heute dank moderner Molekulargenetik gut Bescheid, obwohl es immer noch offene Fragen gibt. Mehrere Forschergruppen haben Stammbäume der Raufußhühner veröffentlicht. Bei den Haselhuhnverwandten gelang es, das Chinahaselhuhn als eigene Art zu erkennen und die enge Verwandtschaft zum Haselhuhn zu erhärten. Ihre Aufspaltung erfolgte vor 1–2 Millionen Jahren. Der frühere Gattungsname *Tetrastes* wurde wieder eingeführt, während für das nordamerikanische Kragenhuhn *Bonasa umbellus* der alte Gattungsname weiterhin gilt. Das Chinahaselhuhn steht den Haselhuhn-Vorläufern am untersten Ende des Stammbaumes am nächsten und ist wahrscheinlich das ursprünglichste Raufußhuhn. Obwohl das Sichelhuhn dem nordamerikanischen Fichtenhuhn *Falcipennis canadensis* sehr ähnlich ist, sprechen die erheblichen genetischen Unterschiede für eine Aufteilung in zwei Gattungen. Vorerst bleiben wir hier aber noch bei dem bisher gültigen gemeinsamen Gattungsnamen *Falcipennis* für die Altweltart und die beiden Neuweltarten bzw. -unterarten.

Männchen des Schottischen Moorschneehuhns. Auch im Winter bleiben die Vögel im schneearmen Lebensraum überwiegend braun.

Spannend ist auch die Ausbreitung der die Nadel- und Mischwälder bewohnenden Raufußhuhnarten von Nordwestamerika nach Eurasien. Sie fand mit Ausnahme der Schneehühner vor 4–7 Millionen Jahren ein Ende, als die Landbrücke zwischen Alaska und Ostsibirien im Bereich der Beringstraße mit ihrer geschlossenen Waldbedeckung durch den Anstieg des Meeresspiegels unterbrochen wurde. Die an arktische Bedingungen angepassten Schneehühner konnten in geeigneten Perioden den Zusammenhalt ihrer Populationen in der Alten und Neuen Welt bis in die Neuzeit erhalten, trotz mehrerer Klimaschwankungen im Pleistozän (vor ca. 1,8 Millionen Jahren) mit steigendem und sinkendem Meeresspiegel. So konnten sich Moorschneehuhn und Alpenschneehuhn rund um den Nordpol ausbreiten und ihre Siedlungsgebiete bis heute behaupten. Der Vorläufer der Schneehühner spaltete sich vor ca. 3 Millionen Jahren von einer Linie ab, die zu den Birkhühnern führte. Vor 1–2 Millionen Jahren erfolgte dann die Abspaltung des Alpenschneehuhns vom Moorschneehuhn und viel später, erst vor ca. 6000 Jahren, die Abtrennung der schottischen Population des Moorschneehuhns, zu einer Zeit, als sich die Britischen Inseln vom europäischen Festland trennten.

Chinahaselhuhn, der kleinste und wahrscheinlich der ursprünglichste Vertreter der Familie. Lianhuashan, Gansu.

Blicken wir noch weiter zurück: Ein gemeinsamer Vorfahre der Truthühner und der Raufußhühner hat sich im Oligozän (vor 26–38 Millionen Jahren) in Nordamerika ausgebreitet, noch ehe eine Aufspaltung in verschiedene Arten erfolgte. Vom nordwestlichen Nordamerika aus fand dann durch drei oder vier Ausbreitungsereignisse eine Besiedlung der Alten Welt über die mehrfach geschlossene und in Wärmeperioden wieder überflutete Landbrücke der Beringstraße statt, die letztmalig vor etwa

15.000 Jahren trockenfiel. Geht man von vier Ausbreitungswellen aus, dann wanderten die Vorfahren der Hasel-, Schnee-, Sichel-, Auer- und Birkhühner nach Asien ein und von da teilweise bis nach Europa. Nimmt man drei Ausbreitungsereignisse an, dann gab es eine Rückwanderung von der Alten zur Neuen Welt im Falle der Wald bewohnenden Schwesterart des Sichelhuhns, des kanadischen Fichtenhuhns. Die südlich lebenden Arten der Raufußhühner haben sich vermutlich dadurch entwickelt, dass Populationen in den Zwischeneiszeiten räumlich in den südlichen Gebirgen isoliert wurden. Ihre Artbildung wurde sehr wahrscheinlich durch den Wechsel von Kälte- und Wärmeperioden im Plio- und Pleistozän (vor 1,8–12 Millionen Jahren) vorangetrieben. Dabei gerieten sowohl die Randpopulationen der Hühnervorfahren als auch ihr Nadelwald-Lebensraum in die Isolation der südlicher gelegenen Hochgebirge. Im Kaukasus entstand das Kaukasusbirkhuhn, in den Hochgebirgen Chinas das Chinahaselhuhn. Wir können nur vermuten, dass beide Hochgebirgsarten ihren Vorfahren ähnlicher sind als Hasel- und Birkhuhn, da sie ursprüngliche Merkmale stärker bewahrt haben. Sie konnten dem Evolutionsdruck von Klimaänderungen durch Höher- oder Absteigen im Gebirge leicht entgehen. Viele Anpassungen an kaltes Klima blieben aber allen Raufußhühnern erhalten. Einige dieser Anpassungen wollen wir näher betrachten.

Anpassungen an Kälte in Körperbau und Verhalten

Fliegen und Federkleid

Hühner sind ganz allgemein Schnellstarter: Sie können plötzlich auffliegen und beschleunigen, fliegen aber mit Ausnahme der Schneehühner nicht weit, Hasel- und Sichelhühner nur wenige hundert Meter, Birkhühner selten bis zu 20 km. Unter den Raufußhühnern sind die meisten Arten Standvögel, die allenfalls Vertikalwanderungen in einem gebirgigen Lebensraum, kaum aber längere Ausweichbewegungen in ein Überwinterungsgebiet durchführen. Für ihren Flügelschnitt bedeutet das: Die Flügel sind rund, das heißt die meisten Handschwingen mit Ausnahme der äußersten und der inneren sind etwa gleich lang. Die äußeren sind überdies oft sehr schmal und gebogen. Am stärksten ist das beim Sichelhuhn ausgeprägt. Auf der Unterseite der Handschwingen und der Steuerfedern fällt ein glattes glänzendes Feld auf, das Glanzstreif genannt wird. Es begleitet den Schaft beidseitig,

Deckfedern einer Auerhenne. Die daunige Afterfeder (oben) ist seitlich ausgeklappt.

bei der Steuerfeder eines Auerhahns in einer Breite von etwa einem Drittel jeder Fahne. Es soll der Stabilisierung der Feder dienen. Solch einen Glanzstreif gibt es typischerweise auch bei den Gänsen und Enten, die als Vogelordnung zu den nächsten Verwandten der Hühnervögel gehören.

Das warme Körpergefieder weist deutlich in die Richtung der Anpassung der Raufußhühner an kaltes Klima. Jede Deckfeder trägt an der Basis reichen Flaum, der oft drei Viertel der Federlänge erreicht, ehe er in die endständige Fahne übergeht. Darunter liegt eine Nebenfeder, oft auch als Afterfeder bezeichnet, die an der kurzen Spule der Decke entspringt und den Schaft bis zum Ende der Fahne begleiten kann. Sie ist ebenfalls beidseitig mit weichem Flaum besetzt, weist aber keine Fahne auf. Alle Raufußhühner sind mit solchen und ähnlichen Anpassungen in Gestalt und Verhalten ausgestattet. Die Befiederung von Lauf und Fuß ist allerdings bei den nordi-

Fuß einer Steinauerhenne aus dem fernöstlichen Kolyma-Bergland: Die ungemein dichte Befiederung hüllt Fuß, Zehen und sogar die Fußunterseite mit langfaserigen Federn ein.

Steinauerhahn – bei der Imponierhaltung kommen die Farbsignale besonders wirkungsvoll zur Geltung. Transbaikalien.

schen Arten und Populationen am stärksten entwickelt. Beim Sichelhuhn der sibirischen Taiga lässt sie kaum die Krallen an den Enden der Zehen frei. Noch stärker befiedert sind die Füße beim Steinauerhuhn und bei den arktischen Populationen des Alpenschneehuhns auf Spitzbergen und anderen Inseln des Eismeers. Dagegen ist die Befiederung an den Läufen des Chinahaselhuhns eher schwach, meist ist der Lauf völlig unbefiedert – ein Raufußhuhn ohne raue Füße.

Die Deckfedern des Körpers haben aber auch weitere Aufgaben, als nur gegen Wärmeverlust zu isolieren. Die Fahne ist oft äußerlich gemustert oder gefärbt. Sie dient dann der Tarnung des Vogels, im anderen Fall aber auch dem Auffallen und Imponieren. Das Letztere gilt vor allem für die Hähne, die unter der Wirkung der sexuellen Selektion bei mehreren Arten prächtig und groß sind. Bei der Imponierhaltung kommen die Farben und Formen des Gefieders zu maximaler Wirkung: durch Spreizen und Aufstellen des Schwanzfächers, Abspreizen der Flügel und Sträuben des Halsgefieders bzw. des Kehlbartes. Bei den Haselhühnern signalisiert das Aufstellen der Federholle Aggression oder Beunruhigung bei Störungen.

Die schwierige Ernährung

Überraschende Anpassungen bietet die Gruppe der Raufußhühner auch bei der Ernährung. Bis auf die frühesten Kükenstadien sind sie spezialisierte Vegetarier und bevorzugen als Nahrungslieferanten vor allem Zwergsträucher und Bäume. Im Winter besteht ihre Kost vielfach aus Knospen, Sprossen und Kätzchen oder aus den Nadeln der Nadelbäume. Obwohl sie zeitweise im Sommer und Herbst auch Beeren von den Zweigen der Zwergsträucher ernten, sind sie keine spezialisierten Samen- oder Fruchtfresser wie vielfach die Glattfußhühner. Man sieht es schon an der Losung, dem Kot. Im Winterhalbjahr bilden sie geruchlose und feste Würste, die leicht gebogen sind und an ihrem vorderen Ende, das zuerst aus der Kloake tritt, einen weißen Überzug aus Harnsäure erkennen lassen. Diese Losungswürste sind unterschiedlich groß, je nach Art des Produzenten. Beim Auerhuhn sind die des Hahns größer als die der Henne. Im Winter bestehen sie ganz aus Nadelresten. In der Tat sind die Vögel dann spezialisiert auf die Ernährung mit Koniferennadeln, eine unbegrenzt vorhandene, aber schwer verdauliche, energiearme Kost. Bei anderen Arten sind es Kätzchen, Knospen und Zweigstückchen von Weiden, Birken oder anderen Weichhölzern, deren Reste im Kot auftreten. All das kann man schon mit der Lupe, besser aber bei mikroskopischer oder

Blinddarmkot eines Haselhuhns. Bei allen Raufußhühnern trocknet die dunkel gefärbte Masse rasch ein und wird rissig.

Von Birkhühnern stark verbissene Kiefer in einem schwedischen Hochmoor.

molekulargenetischer Analyse des Kotes feststellen. Die Verdauung der Zellulose setzt sich in den großen, paarigen Blinddärmen fort, mit Hilfe einer kompliziert zusammengesetzten Mikroflora aus Bakterien und Einzellern. Normalerweise gibt der Vogel einmal am Tag, oft morgens, den schwarzen oder dunkelbraunen und stinkenden Blinddarmkot ab. Im Sommer, wenn sich die Hühner am Boden der reichhaltigen Krautvegetation und den Zwergsträuchern zuwenden, wird der Kot insgesamt weicher und fladenartig. Gleichzeitig wird auch die Verdauung angepasst.

Die Forschung in Schottland und in den Alpen hat sich intensiv mit dem Verdauungssystem der Raufußhühner befasst. Im nördlichen Winter leben Raufußhühner wie beschrieben monatelang von rohfaserreicher Zweig-, Knospen- und Nadelnahrung. Sie müssen davon viel fressen. Dabei hängt ihre Verdauungsleistung von der Verweilzeit der Nahrung im Verdauungstrakt ab, aber auch von dessen Größe. Da die Hühner aber zu raschem Fluchtflug befähigt sein müssen, muss der Verdauungsapparat so leicht und klein wie möglich gehalten werden. Dies wird durch einen Kompromiss erreicht: Die rohfasereichen, schwerer verdaulichen Anteile gelangen in die Blinddärme, die leicht verdaulichen in den Dünndarm. Je reicher an Rohfasern die Nahrung ist, umso mehr verlängern sich die Darmsegmente, besonders die Blinddärme. Auch die Mikrobenflora der Blinddärme ändert sich. Im Winter sind die Därme um 20 % länger und doppelt so schwer wie im Sommer. Dies geschieht interessanterweise auch ohne die Stimulierung durch den herbstlichen Nahrungswechsel, wie es sich bei Schottischen Moorschneehühnern mit Pelletfutter in Gefangenschaft zeigte. Mit jeder Generation in der Voliere wurden die Därme kürzer, am Ende betrug die Dünndarmlänge nur noch 70 % der Werte in der Wildpopulation, die der Blinddärme nur noch 50 %. Das hat Konsequenzen für die Nahrungsverwertung und das Anpassungsvermögen. Wildvögel mit voller Darmlänge können z. B. ihre natürliche Heidekrautnahrung zu 40–50 % verdauen, Zuchtvögel mit kurzen Därmen nur zu 20–30 %. Es gibt auch bei wildlebenden Raufußhühnern Beispiele für individuell verkürzte Darmlängen. Dies waren aber in der Regel Mitglieder dominanter Geschlechts- und Altersklassen, was darauf hindeutet, dass sie sich jeweils die besseren, nahrungsreicheren Lebensräume erkämpft hatten.

In menschlicher Obhut aufgewachsene Junghühner, die mit eiweißreicher und faserarmer Pelletnahrung aufgezogen wurden, entwickeln nicht die notwendige Darmlänge und Verdauungsleistung für die faserreiche Naturnahrung und müssen im Freiland verhungern, wenn die Umstellung nicht gelingt. Kompliziert wird das ganze Ernährungssystem durch toxische Stoffe der Nahrungspflanzen, die sich gegen Pflanzenfresser schützen. Solche Toxine können z. B. die Verdauung stören. Im Experiment mit Schottischen Moorschneehühnern überwanden Wildvögel den Block, Zuchtvögel aber nicht und verloren an Gewicht. Manche Zuchtvögel verschmähten sogar ihre typische Naturnahrung. Dies zeigt die ganze Problematik, wenn Vögel aus Zuchten in die Freiheit entlassen werden sollen. Vieles ist dabei noch unerforscht, auch die erstaunliche Bevorzugung einzelner Nahrungsbäume durch Raufußhühner bzw. die Meidung anderer Exemplare derselben Baumart.

Steine aus dem Magen eines Sichelhahns.

Steine im Magen

Alle Raufußhühner nehmen schon vom Kükenalter an Steinchen auf, die im Körper zwei unterschiedliche Funktionen erfüllen: Kalksteinchen dienen der Mineralstoffversorgung, während harte Kiesel für die Zerkleinerung grober Nahrung im Muskelmagen nötig sind. Möglicherweise sind die Magensteine nicht lebensnotwendig. Es ist aber unbestritten, dass die Verwertung der Nahrung durch Zerkleinerung verbessert wird. Anzahl und Gesamtgewicht der Steinchen schwanken im Jahresverlauf – im Herbst sind die Hühner besonders aktiv bei der Steinchensuche. In der Taigaregion unternehmen sie gezielte

Ausflüge zu sandigen Flussufern, wo sich oft ganze Gruppen zusammenfinden. Vor den ersten Schneefällen ist daher der Magensteinvorrat im Magen am größten. Er sinkt während des Winters ab, da die Steinchen z.T. mit dem Kot ausgeschieden werden. Nach der Schneeschmelze füllen die Hühner ihren Steinchenvorrat wieder auf. Die bevorzugte Steinchengröße bei Auerhühnern schwankt zwischen 3 und 5 mm Durchmesser, ihre Anzahl zwischen 17 und über 1000, und das Gesamtgewicht erreicht maximal 40 g. In Sibirien sollen sogar schon Edelsteine darunter gefunden worden sein. Bei den kleineren Arten sind die Werte entsprechend der Körpergröße wesentlich niedriger.

Im harten finnischen Winter schaut eine Haselhenne aus der Schneehöhle.

Nächtigen in Schneehöhlen

Im Winter graben sich die Hühner bei genügend hohem Pulverschnee des Abends, Birkhühner in den Alpen, Sichel- und Haselhühner in der Taiga auch über Tag im Schnee ein und ruhen, gegen Kälte und den Zugriff von Feinden geschützt, in einer Schneehöhle. Sie hinterlassen darin einen Kothaufen. Solche Kothaufen, nach der Schneeschmelze im Frühling und Sommer gefunden, deuten immer auf das winterliche Übernachten eines Huhns in einer Schneehöhle oder einer Schneegrube hin. Schlafen die Vögel im Geäst eines Baumes, wird der nachts abgegebene Kot darunter verstreut. Nur wenige Menschen dürften das Eingraben der Hühner schon beobachtet haben. Ein Film über das Kaukasusbirkhuhn in Aserbaidschan zeigt es eindrucksvoll: Der Vogel landet unweit der Nahrungsbäume auf der Schneedecke, und plötzlich beginnt er mit den Füßen scharrende Grabbewegungen zu machen. Mit erhobenem Kopf sinkt das Huhn rasch immer tiefer in den Schnee und zieht zuletzt auch den Kopf unter die Schneedecke, die ein isolierendes Dach bildet und den Vogel schließlich ganz bedeckt. Temperaturmessungen in einer vom Haselhuhn benutzten Schneehöhle unter sibirischen Verhältnissen zeigten: Bei −48 °C Außentemperatur wurden in der Höhle nur noch −10 °C gemessen!

Eine Haselhenne nutzt die Kätzchen von Erlen, Birken und anderen Pioniergehölzen im finnischen Winter.

Hellnadeltaiga: Nach Bränden im Sichote-Alin-Reservat dominiert die Dahurische Lärche.

Beim Auerhuhn ergab die Auswertung finnischer Daten, dass Kälte und hohe Schneelage für das Überleben im Winter förderlich sind. Mit der Klimaerwärmung kann daher die Sterblichkeit im Winter zunehmen.

Waldbrände in der Taiga sind der Motor der Waldverjüngung. Heute nehmen Ausmaß und Häufigkeit im Zuge der Klimaerwärmung stark zu.

Ein Beispiel für die Dunkelnadeltaiga am Amur, die durch Ajanfichten und Weißrindentannen gebildet wird.

Zum nördlichen Nadelwald gehören Moore, die die Waldlandschaft unterbrechen und bereichern. Hamra, Mittelschweden.

Vögel der Taiga

Eine Reise in die nordische Taiga kann uns am besten den ursprünglichen Lebensraum dieser Vogelgruppe und ihre Anpassungen an raues Klima näherbringen. Denn hier haben sich diese winterharten Tundra- und Waldbewohner wohl entwickelt. Wie kaum eine andere Vogelgruppe haben sie sich bei hoher Schneelage im Winter eine unbegrenzte und gut zugängliche, aber energiearme Nahrungsquelle erschlossen: Nadeln, Knospen, Kätzchen und Triebspitzen in den Baumkronen.

Auer- und Haselhuhn besiedeln fast die gesamte Taigazone von der Waldgrenze im Norden bis zur Waldsteppe im Süden. Wo der Wald lockerer wird und Moore eingesprengt sind, finden auch Birk- und Moorschneehühner ihre Nische. Letztere haben auch die baumfreien Tundren als Lebensraum erschlossen. Je nach geographischer Lage und Untergrund finden wir in der Taiga ganz unterschiedliche Waldtypen: In Sibirien wachsen auf feuchteren Standorten Fichten-Tannen-Wälder, die „Dunkelnadeltaiga“. Auf trockeneren Böden überwiegt die „Hellnadeltaiga“ aus Kiefern und Lärchen. In beiden Waldtypen sind als Laubbäume Birken, Ebereschen, Erlen, Espen und verschiedene Weidenarten beigemischt. Je kontinentaler das Klima gegen Osten hin wird, desto mehr verliert die Sibirische Fichte ihre Konkurrenz-

Liegende tote Stämme gehören zum Urwald. Sie bilden „Laufstege“ für viele Raufußhühner, hier für den Sichelhahn am Fluss Gorin, einem Nebenfluss des Amur.

fähigkeit und wird schon in Westsibirien durch die Schwarztanne und die Sibirische Zirbelkiefer verdrängt. In Ostsibirien herrschen schließlich Sibirische und Dahurische Lärche vor. Als einzige wintergrüne Konifere bildet die Zwergarve ein dichtes Krummholz.

Die Fichtenbestände in Westrussland und auch in Skandinavien können gelegentlich dicht werden, die Kiefernwälder – oft mit einem Unterholz von Fichten – sind durchweg licht. Ganz allgemein ist jedoch der Abstand der Bäume nicht mit den Verhältnissen in unseren mitteleuropäischen Forsten zu vergleichen; meist stehen die Bäume parkartig locker, die Stämme der schlanken Fichten sind bis zum Boden dicht mit Ästen besetzt, und die Strauchschicht ist mit Heidel- und Preiselbeere und anderen Arten reich ausgebildet. An moorigen Stellen kommen Krähenbeere, Rauschbeere, Moos- und Moltebeere hinzu, deren Früchte, Triebe und Knospen vom Sommer an eine wichtige Nahrung für alle Raufußhühner bilden.

Wie sich der Taigawald verjüngt

Bei der Verjüngung der vom Menschen unberührten Taigawälder spielen Waldbrände eine wichtige Rolle. Früher entstanden sie durch Blitzschlag, heute werden sie oft durch den Menschen verursacht. Fichten werden dabei meist vernichtet. Die weniger brandempfindlichen Kiefern können zum Teil überleben. Auf den Brandflächen stellt sich zunächst eine üppige Bodenvegetation mit besonders reich fruchtender Heidel- und Preiselbeere ein, und es bildet sich bald ein dichter Jungwuchs von leichtsamigen Baumarten wie Birke und Espe. Hier findet zunächst das Birkhuhn idealen Lebensraum, es verlässt ihn aber wieder, sobald sich der Jungwald schließt, und macht so dem Haselhuhn Platz. Erst nach Jahrzehnten setzen sich wieder die Nadelhölzer durch – auf trockenen Böden Kiefern, auf feuchteren Fichten. Bis zum Erreichen des ursprünglichen Zustands können im Norden 150 Jahre und mehr vergehen. So stellt die Taiga ein Mosaik aller Altersstufen und Waldtypen dar, das von den Raufußhuhnarten unterschiedlich genutzt wird. Die Vielgestaltigkeit der Taiga wird durch den Reichtum an Wasserläufen und Mooren noch wesentlich erhöht. Im europäischen Teil des Taigagürtels nehmen Moore 25–30 % der Fläche ein, in Westsibirien sind es sogar über 50 %. Birk- und Moorschneehühner finden dort den idealen Lebensraum und erreichen höchste Siedlungsdichten.

Die verschiedenen Raufußhuhnarten sind über die Taiga keineswegs gleichmäßig verteilt: Das Auerhuhn als großer, rasanter, aber wenig wendiger Flieger ist am besten an die ältesten, lückigen Waldteile angepasst. Es findet dort ideale Bedingungen, wo altersbedingt Bäume zusammenbrechen und in den Lücken junge Bäumchen aufkeimen. Man nennt das die „Zerfallsphase“ des Waldes. Die höchste Siedlungsdichte erreicht das Auerhuhn aber an

Rändern von Mooren und Brandflächen, wo nahrungsreiche, sonnige Blößen unmittelbar an alte Waldteile mit Balz- und Schlafbäumen angrenzen und dichte Inseln von Jungbäumen gute Deckung bieten. Auf den offenen Moor- und frischeren Brandflächen fühlen sich hingegen Birk- und Moorschneehühner wohler, während das Haselhuhn offene Flächen meidet und ältere Brandflächen erst dann besiedelt, wenn die aufwachsenden Birken, Espen und Erlen wenigstens mannshoch sind und Fichtendeckung in der Nähe ist. Das Sichelhuhn als Bewohner der fernöstlichen Taiga benötigt Urwälder mit viel Totholz. Seinen Lebensraumansprüchen widmen wir ein eigenes Kapitel.

Randstrukturen im Wald

Raufußhühner – mit Ausnahme der Schneehühner – haben eines gemeinsam: Sie lieben Waldlücken mit ihren Randstrukturen, in der Ökologie auch als „Grenzlinien“ bezeichnet, die verschiedene Altersklassen im Wald oder auch Waldgesellschaften voneinander trennen. Die Ränder von Mooren, Lichtungen, Blößen, Gewässern und Lawinenbahnen im Naturwald sind ebenso beliebt wie die Kampfzonen des Waldes entlang der nördlichen Waldgrenze oder der oberen Waldgrenze in den Gebirgen. Die Ränder von Kahlschlägen und größeren Auflichtungen, die durch Sturm oder Borkenkäfer im Wirtschaftswald entstehen, ähneln zumindest strukturell den beschriebenen natürlichen Randzonen.

Was macht eigentlich die Randbereiche so attraktiv? Randzonen bieten Nahrung und Deckung auf engem Raum: Die als Kükennahrung wichtigen Insekten, z. B. Ameisen und ihre Bauten, sind infolge günstiger mikroklimatischer Bedingungen an Rändern häufiger als im geschlossenen Waldbestand. Die Krautschicht ist besonders artenreich, und Beerensträucher fruchten üppiger. Der Jungwuchs von Bäumen, der an Randzonen gedeiht, bietet Schutz vor Feinden. Durch Sonneneinstrahlung und Windschutz entsteht die für das Wohlbefinden der Küken nötige Wärme. Beliebte Aufenthaltsorte wie Sandbadestellen (Huderpfannen), Mauserplätze, Schlafbäume und Singwarten häufen sich an Randbereichen. Auch freier Abflug bei Gefahr ist am Bestandsrand leichter möglich. Einen wichtigen Nachteil haben aber solche Ränder ebenfalls: Beutegreifer suchen hier verstärkt nach Nahrung und erbeuten manches Huhn oder finden Gelege leichter als im geschlossenen Waldbestand.

Fortpflanzung

Das Paarungssystem

Bei allen Raufußhühnern, mit Ausnahme der Schneehühner (vor allem der Moorschneehühner), fällt die Brutpflege allein den Hennen zu. Daher sind die Hähne zeitweise im Jahr unter sich. Das Paarungssystem von Raufußhühnern reicht von einzeln balzenden Hähnen mit Revieren, die weit über die Landschaft verteilt sind (z. B. Sichelhuhn) bis hin zu Balzplätzen (Arenen), auf denen eine unterschiedlich große Anzahl von Hähnen in enger Nachbarschaft kleine Reviere verteidigt (z. B. beide Birkhuhnarten). Diese liegen dann in der offenen Landschaft, nicht im Wald. Solche „klassischen" Arenen findet man auch bei den Prärie bewohnenden Raufußhuhnarten in Nordamerika, z. B. bei Präriehühnern, Spitzschwanz- und Beifußhuhn. Beim Wald bewohnenden Auerhuhn ist die Einordnung des Balzplatztyps etwas schwieriger, da die Hahnenreviere weiter auseinander liegen, oft außer Sichtentfernung der Rivalen, jedoch in Hörweite. Man erfand dafür im englischen Schrifttum den etwas extravaganten Ausdruck „exploded lek". Schaut man auf die Verteilung der Auerhuhn-Balzplätze aus dem Blickwinkel einer größeren Landschaft, dann trifft der Begriff „Balzplatz" als Treffraum mehrerer Hähne doch am besten zu, denn zwischen den Balzplätzen liegen Entfernungen von 2–3 km, und die Hennen konzentrieren sich bei den Hähnen ebenso wie auf Birkhuhn-Balzplätzen.

Die Hähne sind bei den verschiedenen Arten entweder zeitweise partnertreu (wie z. B. bei den Schnee- und Haselhuhnarten) oder gehen gar keine Bindung ein, wie bei den beiden Auerhuhn- und Birkhuhnarten und beim Sichelhuhn. Aus der Konkurrenz der Hähne untereinander beziehungsweise

Dominanter Auerhahn mit besonders großer Hennenschar in Schottland.

Alpenschneehuhnpaar auf Island – die einzige dort lebende Raufußhuhnart. Der Hahn ist am 20. Mai noch fast weiß.

der Partnerwahl durch die Hennen hat sich teilweise eine hoch ritualisierte Balz samt einem System von gemeinschaftlichen Balzplätzen entwickelt: Die Hähne stehen unter hohem Konkurrenzdruck und müssen alles tun, um sich gegenüber den Hennen als geeignete Partner für die Paarung darzustellen.

Die Haselhuhn- und Schneehuhnarten leben paarweise. Bei den Haselhühnern besitzen sowohl die Hähne als auch die Hennen während der Fortpflanzungszeit eigene Reviere. Die Hähne beider Haselhuhn-Arten beteiligen sich nicht oder kaum am Führen der Küken. Anders beim Alpenschneehuhn, bei dem die Männchen zumindest bis einige Tage nach dem Schlüpfen der Küken mit der Mutterfamilie zusammen sind oder wenigstens als Wächter fungieren, sich aber später zu Hahnenverbänden formieren und absondern. Der Moorschneehahn bleibt sogar noch länger bei der Familie.

Nestbau, der keiner ist

Die Weibchen wählen meist in gut gedeckter Lage den Nistplatz aus, oft am Fuß eines Baumes, eines Steines, oft auch mit guter Bodenvegetation und Rückendeckung. Durch Drehen entsteht die Nestmulde, ohne eigentlichen Nestbau. In der Legephase zieht das Weibchen Material aus der direkten Nestumgebung heran, mit dem beim Aufstehen die Eier bedeckt werden: Blätter, Nadeln und Gräser, die später unter die Eier gelangen. Zusammen mit Federn aus dem Bauchgefieder der Henne entsteht der isolierende Nestboden. Durch das Ausfallen von Bauchfedern bildet sich bei der Henne der stark durchblutete Brutfleck, der die Eier wärmt. Sichelhennen werfen während des Brütens Kleinmaterial über den Rücken an den Nestrand. Beim Verlassen des Geleges fällt das Material z. T. auf die Eier und tarnt diese. In der fortgeschrittenen Bebrütungsphase werden die Eier nicht mehr bedeckt. Raufußhühner brüten einmal im Jahr. Wird das Gelege in der ersten Hälfte der Brutzeit zerstört, wird an anderem Ort meist ein Nachgelege mit weniger Eiern gezeitigt. Zur Nahrungssuche verlassen brütende Hennen mehrmals täglich das Nest, Auer-, Birk- und Haselhennen im Mittel zweimal pro Tag, die Chinahaselhenne hingegen rund fünfmal. Dies erklären chinesische Forscher mit dem besonders hohen Energiebedarf dieses Hochgebirgsbewohners.

In Thüringen wurden Auerhuhnnester meistens bei der früher üblichen Harzgewinnung in Kiefernforsten gefunden. Saale-Sandsteinplatte.

Kaum geschlüpft, schon losmarschiert – Jugendentwicklung

Die allein brütenden Hennen sind tarnfarbig befiedert und verharren bei der Annäherung von Feinden, auch von Menschen, bis zum letzten Moment auf den Eiern. Bei der Flucht „verleiten" sie, d. h. sie stellen sich flügellahm, um den Feind von Nest oder Küken wegzulocken. Die Küken verlassen als Nestflüchter das Nest bereits kurze Zeit nach dem Schlupf, sobald das Dunengefieder trocken und flauschig geworden ist. Die Mutter führt die Küken. Die Mutterfamilie, Henne mit Küken, nennt man auch Gesperre. Nur beim Moorschneehuhn führen meist beide Altvögel. Auf der Suche nach Insekten, später nach reicher Pflanzennahrung, durch-

In der Lege- und frühen Brutphase bedeckt die Sichelhenne das Gelege mit Laub- oder Nadelstreu. Sie zieht Nadeln aus der Nestnähe heran und wirft sie über die Schulter nach hinten. Verlässt sie das Nest, bedeckt das Material die Eier.

Auerhennen brüten gern gut gedeckt in hoher Heidelbeerenstrauchschicht. Saale-Sandsteinplatte, Thüringen.

streifen die Mutterfamilien erstaunlich große Räume. Die Tagesstrecken bei einer besenderten Auerhuhnfamilie betrugen in Norwegen im Mittel 500 m, an Regentagen noch mehr. Später verblieb das Gesperre in einem engeren Raum von 130 ha. Auch bei Hasel- und Chinahaselhühnern legen die Familien große Strecken zurück, die möglicherweise stark vom Nahrungsangebot, möglicherweise auch vom Feinddruck abhängen. Bei kühlem Wetter werden die Küken regelmäßig gewärmt (gehudert), anfangs häufig, später in größeren Abständen, bis sie mit etwa 3–4 Wochen ihre Körpertemperatur selbst aufrechterhalten können. Nasskaltes Wetter in den ersten Lebenswochen erhöht die Kükensterblichkeit erheblich. Sie müssen länger gehudert werden, dadurch bleibt weniger Zeit, nach Insekten zu suchen. Geschwächte Küken fallen dann auch Feinden leicht zum Opfer. Erst nach der kritischen ersten Woche können sie Bodenfeinden fliegend besser entgehen oder im Fall der Waldhühner im Alter von 2–3 Wochen aufgebaumt nächtigen.

Die oft erheblichen Schwankungen der Raufußhühnerdichten, die in Skandinavien und Russland jährlich im Spätsommer erhoben wurden, sind das Ergebnis mehrerer Faktoren. Die Witterung und die Beutegreifer dürften dabei die Hauptrolle spielen. Nestverluste und die Höhe der Jungensterblichkeit entscheiden letztlich über den Fortpflanzungserfolg. Im Herbst sind die Nachkommenzahlen oft auf 2–4 Junge pro Weibchen gesunken, ehe sich die Familien auflösen.

Schwankungen der Siedlungsdichte

Typisch für den nördlichen (borealen) Wald und die nördliche Tundra ist das Auftreten von regelmäßigen Häufigkeitsschwankungen (Populationszyklen, Fluktuationen) von Tieren in mehrjährigen Abständen. Ein Paradebeispiel stellen die Lemminge in der Tundra dar, deren Massenentwicklung oft einem 4-jährigen Wechsel folgt. Auch für Schneehasen und Schneehühner sind derartige Zyklen, allerdings in 9- oder 10-jährigen Abständen, beschrieben worden. Ihnen folgen die Beutegreifer in ähnlichen Abständen, z. B. der Luchs in Nordamerika.

Mutterfamilie des Sichelhuhns. Mit Ausnahme der Schneehühner ist das Führen der Küken alleinige Aufgabe der Weibchen. Amurtaiga.

Solche Zyklen sind bei allen Raufußhühnerarten nachgewiesen worden. Am intensivsten wurden sie in Skandinavien und Russland untersucht, am Schottischen Moorschneehuhn auch in Großbritannien. Auer-, Birk- und Haselhuhnbestände schwanken synchron. Im Norden sind die Zyklen stärker ausgeprägt, im Süden, auch in Mitteleuropa, verschwinden sie ganz, so auch beim Alpenschneehuhn.

Moorschneehahn im kanadischen Kluane-Nationalpark. Erste weiße Halsfedern deuten im September auf die beginnende Mauser ins Wintergefieder hin.

Über die steuernden Faktoren sind verschiedenste Hypothesen im Umlauf, und die Forschung ist nach Jahrzehnten immer noch im Gange. Für Finnland wurden synchrone Schwankungen in der Dichte von Auer-, Birk- und Haselhuhn von 1964 bis 2015 festgestellt. In einer Folge günstiger Jahre steigen der jährliche Bruterfolg ebenso wie die Siedlungsdichte im Herbst. Das wirkt sich auch in den Folgejahren aus, bis die gegenläufige Entwicklung nach Jahren wieder zu einem Tief führt. Die Intervalle zwischen den Gipfeln schwanken zwischen 4 und 10 Jahren. Die Klimaerwärmung führte auch im Norden zu einer Abnahme der Schwankungen. In Finnland sank außerdem die Bestandsdichte beim Auerhuhn von 8–12 Ind. /100 ha (1964) auf 2–4 (2010), wobei auch die Unterschiede zwischen Maxima und Minima immer geringer wurden.

Einfluss von Beutegreifern

Raufußhühner sind für ihre Fressfeinde eine gewichtige, lohnende, aber nicht leicht zu gewinnende Beute. Je häufiger die Hühner aber sind, umso öfter tauchen sie in den Beutelisten ihrer Feinde auf. In Skandinavien wurde der Einfluss von Fuchs und Marderarten auf Raufußhühnerpopulationen mit vergleichenden Methoden untersucht: Perioden mit vielen Füchsen (ohne Räude-Erkrankung) und wenigen Füchsen (mit Räude) sowie ausgewählte Paare von Ostseeinseln mit und ohne Bejagung der für Raufußhühner relevanten Feinde wurden in ihrer Wirkung auf die Hühner verglichen. Es zeigte sich in beiden Fällen: Die Abnahme der Beutegreifer führte zu mehr Küken führenden Weibchen und größerer Jungenzahl pro Brut bei den Hühnern. Die Zahl der Altvögel bei Auer- und Birkhuhn hatte nach zwei Jahren bei der Sommerzählung deutlich zugenommen, und die Zahl der auf Balzplätzen anwesenden Vögel hatte sich fast verdoppelt. Wenn keine Bejagung der Feinde erfolgte, nahmen die Hühner umso mehr zu, je mehr Wühlmäuse es gab. Diese Beziehung wurde als „alternative-prey-Hypothese“ bezeichnet: In guten Mäusejahren fressen Füchse die leicht zu erbeutenden Kleinsäuger und sparen sich die aufwändige Suche nach Hühnern, in Mäuse-Mangeljahren sind sie viel stärker auf die Hühnervögel und andere Bodenbrüter angewiesen und senken deren Bestände.

Der Fuchs ist ein effektiver Beutegreifer. Besonders in Jahren mit schlechtem Mäuseangebot gehen Nest- und Kükenverluste bei vielen Raufußhuhnarten auf sein Konto.

Um die bedrohten Raufußhühner-, aber auch die Wiesenbrüterbestände zu retten, wird auch bei uns eine verstärkte Bejagung von Fuchs und Marder gefordert, gegebenenfalls auch der

Lebendfang und das Umsetzen von Habichten. Solche Eingriffe sind jedoch aus Naturschutzgründen sehr umstritten.

Man muss sicher akzeptieren, dass derartige Stützungsmaßnahmen zu Gunsten einer Art nicht als Langzeitprogramm tolerierbar sind. Raufußhühner müssen mit ihren Feinden leben können. Andererseits sind Fuchs und Steinmarder in ihrem Bestand ungefährdet, und Neubürger wie der Waschbär vermehren sich stark und schädigen Vogelbestände. Wie die Wildforschung zeigte, ist die Siedlungsdichte vieler Beutegreifer in wirtschaftlich geprägten Forsten gegenüber naturnahen Wäldern künstlich erhöht, da sie vom Mäusereichtum vergraster Holzschläge und von hohen Schalenwilddichten profitieren. Hinzu kommen Intensivlandwirtschaft, hohe Dichte von Weidetieren und andere Einflüsse des Menschen in der Natur. Beim Fuchs hat zudem die Tollwut-Immunisierung einen natürlichen Regulationsmechanismus ausgeschaltet. Fazit: Eine Bejagung zur Rettung selten gewordener Bodenbrüterarten bedroht die Beutegreifer nicht als Art und ist mit tierschutzverträglichen Methoden auch heute eine Option, wenn keine anderen Mittel zur Verfügung stehen. Gleiches gilt für die Regulation der durch Intensivlandwirtschaft stark angewachsenen Wildschweinbestände, die Nester und Küken der Bodenbrüter vernichten, oder der hohen Huftierbestände, die durch das Abfressen der Bodenvegetation im Wald Schäden erzeugen. Außerdem wird der dringend erforderliche Waldumbau zu klima- und unwetterstabileren Mischwaldbeständen durch hohe Reh- und Rothirschbestände gefährdet.

Vor einem Trugschluss sollte man sich aber hüten: Die märchenhaft hohen Bestände an Raufußhühnern und anderem „Niederwild“ vergangener Zeiten wird man nicht mehr erreichen können. Sie waren das Resultat flächendeckender Bekämpfung aller Beutegreifer mit Flinte, Falle und Gift. Das Wildschwein war landesweit ausgerottet, Rothirsche lebten oft nur noch in Gehegen. Unter solchen Bedingungen war die Vermehrung aller Bodenbrüter verlustarm möglich – ein Zustand, den heute niemand mehr auf die beschriebene Weise herstellen oder sich wünschen kann. Auf niedrigerem Niveau ist aber die Erhaltung der Raufußhühner und anderer Bodenbrüter erreichbar. Sie gelten zu Recht als „Schirmarten“, in deren Gefolge viele andere Arten profitieren.

Stress durch Störungen

Die meisten Raufußhühner sind scheue Vögel. Aus diesem Grunde geraten sie unter Stress, wenn der Erholung suchende Mensch mit seinen Modesportarten und anderen Anliegen immer weiter in Ruhezonen vordringt, wo sich die Hühner bisher verbergen konnten. Besonders empfindlich sind Restpopulationen in oft kleinen und fragmentierten Lebensräumen. Solange sich die Besucher an die Wege halten, können sich Waldtiere an Störein-

Eine Auerhenne droht mit gespreiztem Gefieder gegen einen Bodenfeind. Hamra, Mittelschweden.

flüsse gewöhnen und ihr Verhalten entsprechend anpassen. Die Vögel verstecken sich und verharren in der Deckung, bis die Störung vorüber ist. Nur so können sie wiederholte kraftraubende Flucht vermeiden. Allerdings sind solchen Verhaltensanpassungen enge Grenzen gesetzt. Durch Pulsfrequenzmessungen wissen wir, dass sich drückende Hühner sehr wohl unter Stress leiden. Sobald ein Mensch die üblicherweise eingehaltene Route verlässt, wirkt die Gewöhnung nicht mehr. Sie variiert auch im Laufe des Jahres. Im Frühsommer, wenn die Henne junge Küken führt, kann sich jede Störung fatal auswirken. Die Henne zeigt ein hoch intensives Alarmverhalten, die Küken verstreuen sich in der Umgebung und kühlen aus, während sie sich drücken.

Man wird dagegen einwenden, dass auch früher in großem Umfang Waldfrüchte gesammelt wurden und die Waldhühner trotzdem nicht ausstarben. Dabei vergisst man aber zu leicht, dass damals durch geringere Mobilität der Menschen zwar die Wälder in der Nähe der Ortschaften genutzt wurden, ortsferne Räume aber als Zuflucht erhalten blieben.

Ein viel zu wenig beachteter Faktor ist die Wirkung von Lärm auf empfindliche Arten, besonders von Verkehrslärm. Es gibt begründete Vermutungen, dass gerade Lärm in der Landschaft dazu beitragen kann, dass die oft leise innerartliche Verständigung gestört wird. Das bedeutet, dass zum Beispiel während der Aufzuchtzeit die Küken die leisen Warnrufe der Henne überhören, wenn Feinde in der Nähe sind, oder dass brütende Hennen heranschleichende Beutegreifer gar nicht oder erst zu spät wahrnehmen. Dabei entscheiden Bruchteile von Sekunden über Leben und Tod. Störungen bei der Nahrungsaufnahme in der Vorlegezeit führen zu einer schlechten Legeleistung der Hennen und geringerer Vitalität der Küken. Windkraftanlagen im Wald als neues Problemfeld wirken sich durch Lärm und Vogelschlag negativ auf Raufußhühnerbestände aus. Schlagopfer wurden neben vielen anderen Vogel- und Fledermausarten bisher auch bei Auer-, Birk- und Moorschneehühnern nachgewiesen. Kollisionsopfer von Birk- und Schneehühnern wurden auch von Energietrassen, Skilift-Anlagen und Seilbahnen gemeldet.

Geradezu lebensbedrohlich können sich Störungen im Winter auf die Raufußhühner auswirken. Sie leben dann ganz allgemein „auf Sparflamme".

Die energiearme, schwer verdauliche Nadel-, Zweig- und Knospennahrung zwingt die Vögel dazu, alles unnötige Fliegen zu vermeiden. Bei großer Kälte füllen sie rasch ihren Kropf und graben sich anschließend im Schnee ein, wo sie viele Stunden lang ruhen. Werden sie durch Skifahrer oder Schneeschuhgänger abseits der Loipen und Pisten wiederholt aufgejagt, so werden sie geschwächt, durch die Flucht in ungünstige Gebiete abgedrängt und können Feinden leichter zum Opfer fallen.

Auerhühner leben bei Raureif im Winter unter kargen Bedingungen auf Sparflamme. Thüringer Schiefergebirge.

Moderne Methoden, wie die Bestimmung von Stresshormonen im Kot der Hühner, lieferten Grundlagen, um Schwerpunkte touristischer Störungen zu erkennen und angepasste Schutzkonzepte zu entwickeln.

Im Schwarzwald und im Nationalpark Bayerischer Wald, touristisch besonders intensiv genutzten Gebieten, konnten Forscher durch besenderte Auerhühner und Messung der Stresshormone nachweisen, dass im Sommer rund 20 % des Lebensraums der Auerhühner durch Erholungssuchende blockiert wurden, im Winter waren es sogar über 40 %. Auf Grundlage dieser Forschungsergebnisse gelang es in jahrelangen Bemühungen, Wegenetze zu optimieren, Ruheräume zu schaffen und über aufwändige Aufklärungsprogramme auch Verständnis für den Auerhuhnschutz unter Einheimischen, Besuchern, Forstleuten und Jägern zu erreichen. Beispiele, die Schule machen sollten, aber auch ständigen Einsatz erfordern.

Wintergruppen

Bei verschiedenen Raufußhühnerarten bilden sich im Winterhalbjahr Gruppen, die gemischt, aber auch nach Geschlechtern getrennt sein können. Dann werden keine individuellen Reviere verteidigt. Das gilt für beide Auer- und Birkhuhnarten, für das Sichelhuhn und für alle drei Schneehuhnarten. Bei den Haselhühnern ist die Gruppenbildung nur im Norden und Osten des riesigen Areals typisch, aber nicht in Mitteleuropa. Auch das Chinahaselhuhn bildet im Winter Gruppen. Für alle Arten gilt, dass die Gruppengröße mit zunehmender Siedlungsdichte und zunehmender Härte des Winters steigt. Die Wintergruppen sind nicht sehr stabil, Tiere wechseln zwischen den Gruppen, sodass die Gruppengröße schwankt. Bei mildem Wetter können sich die Gruppen auch ganz auflösen.

Birkhühner bei der Nahrungssuche in Birken. Sie bilden oft Gruppen, im Winter nach dem Motto: Viele Augen sehen mehr als zwei. Hamra.

Der biologische Sinn der Gruppenbildung liegt auf der Hand: Es ist eine Strategie der Feindvermeidung – mehr Augen sehen mehr als nur ein Augenpaar. In Gruppen gibt es immer auch wachende Vögel, die Feinde früh erkennen und Alarm schlagen. Die Gruppe kann es sich leisten, sonst kaum erreichbare Nahrungsquellen zu nutzen: Auer- und Birkhühner fressen dann oft exponiert auf Wipfeln, wo sie sich auch sonnen und wärmen können. Haselhühner suchen Erlen, Birken oder Weiden weiter entfernt von der schützenden Fichtendeckung auf. Chinahaselhühner begeben sich in die reichliche Frucht tragenden Sanddorngebüsche, oft weiter entfernt von der Deckung der Koniferen, die sie sonst ungern verlassen. Auch die sonst eher einzeln lebenden Sichelhühner der Amurtaiga nutzen den Vorteil der Wintergruppe. Die energiearme Fichtennadelnahrung erfordert lange Zeit, in der sie sich auf den Zweigen exponieren müssen, bis der Kropf gefüllt ist. Auch hier ist die höhere Sicherheit in der Gruppe eine wichtige Triebfeder des Verhaltens.

Nachweismethoden

Sind in einem Gebiet Raufußhühner vorhanden? In welcher Dichte treten sie auf? Um solche Fragen zu beantworten, muss ich die Vögel direkt beobachten oder aber auf indirekte Weise ihre Spuren und sonstigen Hinterlassenschaften erfassen.

Direkte Beobachtungen

Sichtbeobachtungen von Raufußhühnern gelingen am leichtesten zu Jahres- und Tageszeiten erhöhter Aktivität – morgens und abends im Frühjahr und Herbst, wenn sich die sonst gut versteckt lebenden Hühner durch ihr ausgeprägtes Revierverhalten exponieren. Bei den auf Arenen balzenden Arten ist die Kenntnis der Balzplätze hilfreich. Zugleich ist dort wegen der Scheu und Störanfälligkeit der Auer- und Birkhuhnarten größte Vorsicht angesagt.

Solide, störungsfreie Beobachtungen gelingen nur aus großer Entfernung mit Spektiven oder aus Versteckzelten, die abends oder in der Dunkelheit morgens bezogen und erst nach dem ungestörten Abflug der Vögel wieder verlassen werden dürfen. Während des Höhepunkts der Balz, der Hennenwoche, kann dies beim Auerhuhn bis zum Mittag und länger auf sich warten lassen. Sogar am Abend wurden Werbung und Paarung beobachtet.

Die paarweise lebenden Schneehühner fallen in offener Landschaft durch ihre Revierflüge und lauten Reviergesänge auf und machen es bei oft geringerer Fluchtdistanz dem Beobachter leichter. Haselhühner reagieren in Frühjahr und Herbst auf die Lockpfeife. Sie lokalisieren die Position der Klangattrappe genau, bleiben aber meist in Deckung. Auch hier empfiehlt sich ein Tarnzelt, wenn man sich nicht nur mit dem Anblick des abfliegenden Huhns begnügen will. Man muss sich auch klarmachen, dass jedes Anlocken des Vogels eine Störung bedeutet. Monitoring zum Schutz der Arten kommt aber ohne diese Hilfsmittel nicht aus.

Indirekte Nachweismethoden

Wegen der Scheu und des versteckten Lebens aller Raufußhuhnarten haben indirekte Nachweismethoden besondere Bedeutung erlangt. Dazu gehören Funde von Kot, der bei Auerhühnern und z.T. bei Birkhühnern wegen der Größenunterschiede Hähne und Hennen unterscheidbar macht. Im Winterhalbjahr ist er bei allen Arten fest und würstchenförmig gekrümmt, mit Pflanzenresten, in frischem Zustand am einen Ende mit weißem Harnsäureüberzug (letzterer fehlt oft beim Sichelhuhn). Im Sommerhalbjahr ist er fladig weich, nach Heidelbeernahrung tief blauviolett gefärbt. Kotfunde von Küken weisen auf eine gelungene Brut hin.

Mauserfedern liefern sichere Nachweise – hier die Schwanzfeder einer Auerhenne in einer Huderpfanne. Finnisch Lappland.

Wertvolle Nachweise stellen außerdem die Federn dar, die einzeln als Mauserfedern anfallen, zum Beispiel an Sandbadestellen, oder auch gehäuft durch Risse und Rupfungen. Die Federtafeln dieses Bandes zeigen typische Beispiele und sollten eine fehlerfreie Artbestimmung ermöglichen. Für genetische Untersuchungen können Feder- und Kotproben dienen. Sie ermöglichen heute die exakte Bestimmung sogar von Individuen und damit Bestandsgrößen, eine moderne Form des Monitorings. Fußspuren sind bei Auer- und Birkhühnern kaum verwechselbar. Bei den kleineren

Arten sollte der Lebensraum wichtige Hinweise zur Bestimmung geben. Im Schnee sind Laufspuren der Raufußhühner meist kurvenreich, wenn die Vögel von Nahrungspflanze zu Nahrungspflanze wechseln. Da beim Haselhuhn am häufigsten Verwechslungen auftreten, behandeln wir diese Art ausführlicher.

Sonderfall Haselhuhn

In geringer Dichte lebende Restpopulationen von Haselhühnern sind schwer zu erfassen, weil die Vögel erfahrungsgemäß nicht so leicht auf die Imitation ihres Gesanges reagieren. Aus diesem Grund sind verlässliche indirekte Nachweise umso wertvoller, will man die Existenz einer solchen Population nachweisen.

Sowohl Federn als auch Kot und letztlich auch die Fußabdrücke in Sand, Schlamm oder Schnee lassen erkennen, ob die Hinterlassenschaften auf ein Haselhuhn oder einen anderen Waldvogel zurückgehen. Aber hier gibt es leider auch Anlass zu Irrtümern. Der Kot eines Haselhuhns im Winter ist an sich unverkennbar: eine leicht gebogene Wurst mit weißem Überzug aus Harnsäure am Ende, meist durch Kätzchennahrung gelblich oder braun gefärbt, aber ohne Insektenreste. Dennoch wird oft Kot anderer etwa gleich großer Vögel für denjenigen der Hühner gehalten: Schwarzspecht und Ringeltaube liefern solche Verwechslungsmöglichkeiten. Am Schlafplatz eines Haselhuhns liegen zahlreiche Kotstücke zusammen, unter einer dichten Fichte verteilt, wenn der Vogel im Baum darüber übernachtet hat. Sind sie am Boden auf kleiner Fläche konzentriert, hat dort ein Haselhuhn in einer Schneehöhle oder Schneegrube die Nacht zugebracht oder länger geruht.

Der walzenförmige Kot des Haselhuhns ist unverwechselbar und ein sicherer Nachweis. Hier besteht er aus den Resten von Birkenkätzchen. Böhmerwald.

Da ein Haselhuhn ca. alle 10 Minuten ein Kotstück ausscheidet (auch nachts in der Schlafhöhle), sollten immer die Suche nach Kot und eine genetische Analyse die Beobachtung erhärten. Gleiches gilt auch für Mauserfedern, die von Frühjahr bis Herbst anfallen und immer als Beleg gesichert werden sollten.

Die Federn, die ein Haselhuhn besonders zur Mauserzeit verliert, sind bei einiger Erfahrung unverkennbar. Die Fußabdrücke im Schnee sind dagegen oft nicht klar zuzuordnen. Typisch für alle Raufusshühner ist, dass die Seitenzehen in recht großem Winkel von ca. 45° abgespreizt sind, größer als bei Tauben oder Krähen. Die Abdrücke der Zehen sind kürzer als beim Fasan und breiter als bei der Waldschnepfe. Besonders im feinen Schlamm einer Pfütze lassen sich Einzelheiten erkennen. Hier sieht man sogar die Zehenstifte, die seitlichen kammartigen Anhänge an den Zehen, die mit der Mauser im Herbst erneuert werden. Sie sind allerdings später im Sommer soweit abgenutzt, dass sie dann im Abdruck nicht mehr gut erkannt werden können.

„Huderpfannen“ – die Staubbäder

Besonders ergiebig ist die Suche nach Federn und Kot an den Staubbadeplätzen. Alle Hühnervögel baden gern im Sand oder anderem lockerem und trockenem Bodensubstrat wie Mulm, Nadelstreu, feinem Kies oder gar Asche. Sie suchen geeignete Staubbadestellen in ihrem Wohngebiet immer wieder auf, besonders bei warmem und trockenem Wetter. Durch Picken und Kratzen schaffen sie Vertiefungen im Untergrund („Huderpfannen“). Dafür suchen sie sich meist Stellen aus, die unter einem Bodenüberhang, an einem Wurzelteller, unter einer dichten Fichte oder an entsprechenden Stellen gedeckt liegen; viele von ihnen bieten Sonne, aber auch die Möglichkeit zu schneller Flucht. Schneehühner können in ihrem waldfreien Lebensraum keine gedeckten Sandbadeplätze finden und baden mehr oder weniger offen. In einer Huderpfanne kann man oft Losung und Federn des Benutzers finden. Sie eignen sich daher besonders gut als indirekte Mittel des Nachweises für die Anwesenheit der Hühner. Im Böhmerwald wurden im Verlaufe von 40 Kontrolljahren 90 % der indirekten Haselhuhn-Nachweise an den Huderpfannen erbracht.

Die Verhaltensweisen im Sandbad (Picken zum Lockern des Substrats, Drehen, Auf-die-Seite-legen, „Baggern“/Flügelschlagen zur Verteilung des Staubs im Gefieder, Ruhephasen mit Sichsonnen) stimmen bei allen Raufußhühnern überein.

Sichelhenne im Staubbad. Alle Raufußhühner lieben Staubbäder, vermutlich zur Beseitigung von Federparasiten und zur Regulierung des Fetthaushalts der Federn. Amurtaiga.

Sandbadestellen unterscheiden sich nach der Größe der Arten, können aber auch von mehreren Arten nacheinander genutzt werden. Kot und Federn geben im günstigen Falle die nötige Auskunft. Gern werden gekippte Wurzelteller zur Anlage von Staubbädern genutzt, die oben gute Aussicht, unten oft trockene Stellen bieten. Staubbäder bieten sich an, um Fotofallen zu etablieren, die eindeutige, oft überraschende Artdiagnosen liefern und auch Bruterfolg dokumentieren können, wenn ein Altvogel von den Küken begleitet erscheint.

Raufußhühner als Jagdobjekte

Bedeutende Körpergröße, Häufigkeit in manchen Regionen und auffallende Balz haben die Vögel zu beliebten Objekten für die Jagd gemacht, die sich auf den Braten oder auf Trophäen richtet und manche Population gefährdet oder zum Aussterben gebracht hat. Die Bejagung hat bei vielen Arten auch ihre Scheu vergrößert. In Mitteleuropa wurde besonders die Frühjahrsjagd mit viel Romantik umwoben. In einigen Gebirgsländern wurden Jagdhütten eigens für die Balzjagd auf den Auerhahn errichtet und aufwändig unterhalten.

Die in den meisten Ländern Mitteleuropas (mit Ausnahme Österreichs) inzwischen untersagte, in Russland aber heute noch übliche Jagd auf den balzenden Hahn, in unzähligen Schilderungen romantisiert, hat sich aus biologischen Gründen als besonders nachteilig erwiesen, da sie nach dem Winter in der Fortpflanzungszeit in den Bestand eingreift, wenn die Population ihr Minimum erreicht hat. Zeitdruck und geringe Erfahrung der Gastjäger, Wetterunbilden, Unkenntnis der Biologie und morgendliche Dunkelheit bedingen es, dass meist der gesangsaktivste, ranghöchste Hahn erlegt wird, der die Tradition des Balzplatzes wahrt und von den Hennen als Paarungspartner bevorzugt wird. Außerdem wird beim Anschleichen oft der Rest der Balzgemeinschaft verjagt.

Eine besser kontrollierte Form der Balzjagd wird in den Graf Meran'schen Revieren in der Steiermark praktiziert: Aus Hütten und getarnten Ansitzkanzeln wird das Balzgeschehen tagelang beobachtet, sodass einzelne Hähne individuell bekannt sind und nur zweitrangige Männchen zum Abschuss freigegeben werden. Geschossen wird nur bei gutem Licht während der Bodenbalz.

Der Auerhuhnbiologie viel mehr entsprechend erfolgt in den skandinavischen Ländern die Jagd im Populationsmaximum im Herbst, bei der meist die nahezu erwachsenen Jungvögel beiderlei Geschlechts geschossen werden. Das Geschlechterverhältnis wird dabei nicht gestört, auch nicht bei der sogenannten „Wipfeljagd“ im Winter, bei der allerdings flüchtende Hühner energetisch hoch belastet werden. Oft hilft ein „Verbeller“, ein fuchsfarbiger Spitz, bei dieser Form der Jagd. In Finnland werden vor der Jagdsaison auf festgelegten Routen („Wildlife triangle“) die Raufußhühnerdichten exakt ermittelt und danach die Abschusszahlen festgelegt. Eine übermäßige Bejagung soll so vermieden werden.

Ganz unterschiedliche Jagdmethoden gelten den kleineren Arten. Eine Besonderheit stellt die Haselhuhnjagd dar. Haselhähne reagieren im Frühling und Herbst auf die Lockpfeife, mit der der Hahnengesang imitiert und der Hahn auf Schussentfernung angelockt wird. In Schottland und Nordengland wird die Moorschneehuhnjagd traditionell als Treiben durchgeführt, bei der Hähne und Hennen erlegt werden. Die Schützen stehen gut gedeckt in Türmen aus Lesesteinen und erwarten die in Scharen anfliegenden Hühner. Bei allen Raufußhuhnarten sind außerdem herbstliche Suchjagden mit Hühnerhunden üblich, besonders in Skandinavien, auch in Italien und einzelnen Bergkantonen der Schweiz auf Birk- und Schneehühner, wo ungefährdete Bestände jagdlich genutzt werden. Im Gegensatz dazu stehen in Deutschland alle Arten auf den Roten Listen und sind streng geschützt. In einzelnen Schweizer Gebirgskantonen sind das Alpenschneehuhn und der Birkhahn auch heute noch jagdbar.

Gewinner oder Verlierer im Klimawandel?

Die globale Erwärmung beeinflusst den Fortpflanzungserfolg von Vögeln, besonders im Norden. Wie finnische Forscher herausfanden, verschieben sich beim Birkhuhn durch den Klimawandel mit steigendem Temperaturmittel im April die Paarungstermine immer weiter nach vorn, mit dramatischen Folgen: Die Küken schlüpfen mehr und mehr zur Unzeit mit Kälte, Nässe und schlechterem Insektenangebot. In der Folge sterben viele Küken, und der Fortpflanzungserfolg sinkt, weil die Synchronie zwischen Schlupf und optimalen Umweltbedingungen verloren geht.

Auerhuhnlebensraum in einem Urwaldreservat von Varaldskogen, Südost-Norwegen. Hier wurden in Langzeitstudien entscheidende Erkenntnisse zur Auer- und Birkhuhnbiologie, zu ihrer Ökologie und Reproduktion gewonnen.

Für die Raufußhühnerforschung in rauer Wildnis sind Hütten unverzichtbar – Per Wegges und Jørund Rolstads Domizil im Studiengebiet Varaldskogen.

Beim Auerhuhn scheint es gegenwärtig regional anders zu sein. Im Untersuchungsgebiet Varaldskogen in Südost-Norwegen hat die fast 40-jährige Forschung ergeben, dass der Fortpflanzungserfolg von Auer- und Birkhuhn mit dem sich wandelnden Klima deutlich besser geworden ist. Die Temperaturen sind zur Brutzeit im April angestiegen. Obwohl der Frühling nun rund drei Wochen früher beginnt, paaren sich die Hühner nur 4–5 Tage früher als sonst. Der Bruterfolg hat sich deutlich erhöht, beim Auerhuhn um 62 %, beim Birkhuhn um 38 %. Bei beiden Arten haben sich die Häufigkeit von Gesperren pro kontrollierter Fläche und die Gesperregröße (Zahl der Jungen pro Gesperre) erhöht. Beim Auerhuhn stieg die Zahl der Gesperre mit steigender Temperatur, beim Birkhuhn war dies nicht nachweisbar.

Das kann in anderen Großräumen durchaus anders sein; aus Schottland z. B. wurde das Gegenteil berichtet. Im Tessin war die Temperaturabhängigkeit des Bruterfolgs beim Birkhuhn je nach Region ganz unterschiedlich. Nur Langzeitstudien können solche komplexen Fragen beantworten helfen. Mit Fortschreiten des Klimawandels können sich die Effekte je nach Art und Gebiet weiter ändern. Die Auswirkungen der Wetterextreme der Jahre 2018 und 2019 mit Hitze und Trockenheit auf den Wald der Zukunft und ihre Bewohner sind noch nicht absehbar.

Zahmes Verhalten

Der Mensch gehört nicht zum genetisch fixierten Feindbild der Raufußhühner. Das haben Aufzuchtversuche gezeigt. Die unterschiedliche Scheu der Arten ist allmählich durch die Jagd entstanden, allerdings gibt es offenbar auch Unterschiede zwischen den Arten. Die Küken werden durch Bodenfeindwarnrufe der Hennen auf das Feindbild Mensch geprägt. Wahrscheinlich genügt dafür nur eine Begegnung während der Prägungsphase. Wenige Arten – meist in menschenferner Wildnis lebend – zeigen auch heute noch keinerlei Scheu, wie das Sichelhuhn und seine beiden nordamerikanischen Geschwisterarten oder das Weißschwanzhuhn Nordamerikas. Ohne dass wir über Messdaten verfügen, haben wir doch durch viele Beobachtungen den Eindruck gewonnen: Je menschenärmer die Areale, umso geringer scheint die Fluchtdistanz zu sein, die allerdings individuell stark variiert. So sind Haselhühner in der Amurtaiga viel weniger scheu als in Mitteleuropa, mit Fluchtdistanzen von 20–30 m. Gleiches gilt für das Chinahaselhuhn, dessen Fluchtdistanz zwischen 2 und 50 m schwankt, je nach Tageszeit, Aktivität und Individuum. Alpenschneehühner sind in den Hochlagen der Alpen viel weniger scheu als Auer- und Birkhuhn und dies trotz Bejagung. In Alberta fiel uns auf, dass Kragenhühner in Jagdgebieten scheuer reagieren als in jagdfreien Schutzgebieten. Dasselbe gilt für Birkhühner im jagdfreien Aletschwald und wahrscheinlich auch für Moorschneehühner. Im bejagten Dovrefjell waren letztere besonders scheu. Die Beispiele ließen sich fortsetzen.

Ist eine Population einmal scheu geworden, so ändert sich dies auch in relativ langen Perioden der Jagdruhe nicht: Haselhühner im Böhmerwald z.B. genießen seit den 1940er-Jahren Schutz. Sie sind heute noch genauso scheu wie in bejagten Populationen Österreichs. Auerhühner in den deutschen Bundesländern stehen seit den 1970er-Jahren unter Schutz, in Ostdeutschland seit den 1950er-Jahren, sind aber bis heute scheu geblieben. In offenen, übersichtlichen Lebensräumen kann sich eventuell die Scheu gegenüber Menschen leichter abbauen, z.B. sind die stark bejagten Schottischen Moorschneehühner heute noch wenig scheu, eventuell eine genetisch bedingte Eigenschaft.

Sichelhühner kennen keine Scheu vor dem Menschen. In der Amurtaiga am Gorin pickt eine Henne im Tauschnee Steine im Angesicht der Fotografen.

Andererseits können sich individuelle Erfahrungen auch schnell auswirken. Einige der sonst zahmen Sichelhühner im Myochan-Gebirge zeigten Fluchtdistanzen von 20–30 m, nachdem sie im Vorherbst gefangen und farbmarkiert bzw. besendert worden waren.

Ein Sonderfall wurde uns beim Haselhuhn in Finnland bekannt: Dort gelang es einem Ornithologen, wildlebende Haselhühner auf seine Person zu prägen. Sie fraßen am Ende sogar Preiselbeeren aus der Hand. Einige der besonderen Fotos dieses Bandes gehen auf diese Quelle zurück. In Gegenwart Fremder waren die Vögel völlig scheu. Sie unterscheiden also Menschen individuell. Vor ihm war es schon dem Altmeister der Haselhuhnforschung, Alpi Pynnönen, gelungen, Küken führenden Haselhennen auf geringe Distanz zu folgen.

Bildung von Mischlingen

Kreuzen sich Vertreter verschiedener Arten, so entstehen Mischlinge. Bei Raufußhühnern erregen diese sehr seltenen Art-, manchmal sogar Gattungsbastarde immer wieder Aufsehen. Früher wurden Wildmärkte nach diesen Besonderheiten abgesucht und Museen damit bestückt. Am häufigsten

Bildung von Mischlingen zwischen verschiedenen Raufußhuhnarten: Der Rackelhahn geht meistens aus einer Paarung zwischen einem Birkhahn und einer Auerhenne hervor.

Hahnenfedrige Auerhenne. Ihre hormonelle und Gefieder-Umstellung dauerte mehrere Jahre, wie bei der Volierenhaltung festgestellt wurde. Das Bild zeigt das Federkleid im Dezember. Volierenaufnahme, Thüringen.

ist in freier Natur die Kreuzung zwischen Auerhenne und Birkhahn, bei der Rackelhühner entstehen. Sie zeigen oft den Rückgang einer Art an: Offenbar wird bei der Partnersuche mangels Artgenossen als „Notlösung“ ein Angehöriger der anderen Art gewählt.

Auf Grund ihrer Größe und Aggressivität wurden Rackelhähne oft von Jägern als „Störenfriede“ der Birkhahnbalz betrachtet und daher abgeschossen. Auch die viel selteneren Kreuzungsprodukte zwischen Alpenschnee- und Birkhuhn sowie Birk- und Haselhuhn findet man in Museen. Im Baikalgebiet kreuzen sich Auerhuhn und Steinauerhuhn, deren Areale sich dort überlappen. Die daraus entstehenden „Buntschnäbligen Auerhähne“ bilden am Ostufer des Baikalsees sogar eigene Balzplätze. In Skandinavien, z. B. im Dovrefjell, sind Kreuzungen zwischen dem tiefer siedelnden Moor- und dem höher am Berg lebenden Alpenschneehuhn keine Seltenheit, sie sind aber nicht leicht zu erkennen.

Als besonders krasser Fall wurden im Herbst 2018 in Schweden Hahn und Henne aus einem Gesperre erlegt, die die Merkmale von Auer- und Haselhuhn trugen – eine fast unvorstellbare Kreuzung, deren genetische Analyse noch aussteht.

Hahnen- oder Hennenfedrigkeit

Die Hahnenfedrigkeit einer Henne oder die Hennenfedrigkeit eines Hahnes kann durch Fehlsteuerung des Haushalts an Sexualhormonen verursacht werden. Das Gefieder einer Henne kann sich so über mehrere Mauserschritte zum hahnentypischen Gefieder wandeln. An Vögeln, die in der Voliere gehalten werden, lässt sich das am ehesten experimentell verfolgen. In der Regel verlieren diese Vögel ihre Fortpflanzungsfähigkeit, wie das abgebildete Auerhuhn. In der Voliere von Hans Aschenbrenner wandelte sich ein Haselhahn in eine Henne um, die Eier legte, aber unfruchtbar blieb.

Auerhuhn

Das größte Raufußhuhn

Das Auerhuhn ist das größte Raufußhuhn weltweit und die Art, bei der sich Hahn und Henne am stärksten unterscheiden: Der Hahn ist groß und schwarz, die Henne nur halb so schwer und braun-tarnfarbig. Die Größe erfordert auch ausgedehnte, hochwertige Lebensräume. Die Vögel sind auf lichte Waldstruktur angewiesen, wie sie sich oft in alten Kiefern- und Fichtenwäldern findet. Im Winter, wenn der Boden schneebedeckt ist, ernähren sich Auerhühner ausschließlich in den immergrünen Baumkronen von Nadeln. Im Sommer halten sie sich mehr am Boden auf, am liebsten in den Beständen der Heidelbeere, deren Blätter, Triebe und Früchte sie verzehren. Hier finden sie auch Brutplätze und beste Deckung vor ihren Fressfeinden. Im Frühjahr streiten die Hähne auf einem gemeinschaftlichen Balzplatz im Wald um Revierbesitz und die Hennen. Diese sind nach der Paarung allein für die Brut und das Führen der Jungen verantwortlich. In Mitteleuropa sind die Vögel in den Randpopulationen gefährdet oder bereits ausgestorben. So sind sie von einem Idol der Jagd zum Sorgenkind des Waldnaturschutzes geworden.

◀ Beim imponierenden Auerhahn wird die Signalwirkung des hellen Schnabels, der roten Rosen, der weißen Flügelbugflecken und des Schwanzfächers offensichtlich.

◀ Braun gesprenkeltes Tarngefieder mit rotbraunem Brustfleck zeichnet die Auerhenne aus. Mit rund 1800 g ist sie viel kleiner als der 4–5 kg schwere Hahn.

Von Altkiefern dominierter Lebensraum des Auerhuhns in Hamra, Schweden. Tief beastete Fichten bieten neben üppigen Heidelbeersträuchern die nötige Deckung und Nahrung.

Großer Hahn – kleine Henne

Der enorme Geschlechterunterschied beim Auerhuhn in Färbung und Körpergewicht hat seinen Preis. Wenn die Küken aus den 50 g schweren Eiern schlüpfen, haben beide Geschlechter das gleiche Startgewicht. Im Herbst danach, wenn sich der Familienverband auflöst, bringen die Junghähne mit rund 3 kg das Doppelte des Weibchengewichts auf die Waage. Der Preis dafür ist ihre erhöhte Sterblichkeit, wenn ein ungeeigneter Lebensraum zu wenig oder minderwertige Nahrung für ihr rasantes Wachstum liefert. In erster Linie kann dies Insektenmangel während der ersten Lebenswochen sein. Junge Weibchen überleben unter solchen Mangelbedingungen besser als ihre Brüder. Das Resultat zeigt sich bereits bei den Herbstzählungen, in denen Hähne und Hennen erfasst werden: Das normale Geschlechterverhältnis von 1:1 hat sich zugunsten der Weibchen verschoben. Dies wird auch auf den Balzplätzen im folgenden Frühjahr sichtbar. Nicht selten ist dort die Zahl der Hennen doppelt so hoch wie die der Hähne, wie wir es z. B. bei unseren Beobachtungen im Elbsandsteingebirge feststellten. Durch das Paarungssystem der Auerhühner können jedoch Nachteile für die Reproduktion noch längere Zeit ausgeglichen werden, da ein Hahn viele Hennen begatten kann. Bleibt der Lebensraum aber weiterhin ungünstig, nimmt die Populationsgröße ab. In vielen aussterbenden Populationen waren Hennen die letzten Überlebenden.

Typischer Lebensraum in Schottland: alter, lichter Kiefernwald mit üppig entwickelter Zwergstrauchschicht. Zwei Hähne imponieren an der Reviergrenze im Abernethy-Forest.

Auf der Balzarena – Revierverhalten und Werbung um die Weibchen

Knappen, Triller, Hauptschlag, Wetzen: der singende Hahn

Baumbalz – schon in früher Dämmerung ertönt der Reviergesang, das „Balzlied" des Auerhahns. Bei Windstille trägt es kaum weiter als 200–300 m. Saale-Sandsteinplatte, Thüringen.

Ein früher Aprilmorgen. Kaum graut im Osten das Tageslicht. Noch ist kein anderer Vogel zu hören. Da beginnt auf dem Balzplatz der erste Auerhahn auf seinem Schlafbaum zu singen: „telak – telak – telak". Der große Hahn sitzt in der Nähe des Balzplatzes auf einem freien Ast der alten Kiefer, wo er auch geschlafen hat. Eine Zeitlang hört man nur das so genannte Knappen. Jetzt werden die Strophen vollständig: Das Knappen wiederholt sich immer schneller hintereinander, bis es zum Triller wird. Dieser endet mit einem dumpfen Einzellaut, der so klingt, als würde ein Korken aus einer Flasche gezogen: der Hauptschlag. Daran schließt sich ein stereotypes Schleifen oder Wetzen an, das schwer wiederzugeben ist. Dieses Wetzen dauert 3 bis 5, maximal 6 Sekunden. In dieser ekstatischen Phase nimmt der Hahn seine Umgebung kaum wahr. Der Auerhahnjäger nutzte früher diese „Taubheit", um den Hahn in der Dämmerung „anzuspringen" und letztlich vom Baum herabzuschießen, eine Jagdmethode, die kritikwürdig ist, weil ihr oft der für die Fortpflanzung wertvollste, aktivste Hahn zum Opfer fällt. Die ganze Strophe dauert bei flottem regelmäßigem Gesang zwischen 5 und 6 Sekunden. In der Minute singt der Hahn nicht mehr als acht Strophen. An einem einzigen Morgen wurden einmal 1881 gesungene Strophen eines Auerhahns gezählt. Knappen, Triller, Hauptschlag, Wetzen, so setzt sich der Gesang des Auerhahns zusammen – eine Folge von hölzern klingenden Elementen, die uns wenig klangvoll

Auerhenne im Alter von 10 Wochen – die Unterschiede zum Altvogel sind nur noch gering. Thüringen.

Junghahn im Alter von 10 Wochen. Heidelbeernahrung spielt im August die Hauptrolle. Thüringen.

Kröchen mit Verbeugung und Halsfederspreizen – eine aggressive Form der Revierdemonstration, die auch im Herbst erfolgen kann, wie hier in Finnisch Lappland.

erscheint, aber für den Kenner und Liebhaber dieser großen Vögel attraktiv ist. Das geübte menschliche Ohr vernimmt den Gesang bei Windstille auf eine Distanz von kaum 300 m – nicht zu vergleichen mit dem weit klingenden Kullern des Birkhahns.

Ende April sind die Hennen trotz Neuschnees schon am verschneiten Bodenbalzplatz im finnischen Kuhmo zur Paarung bereit.

Ein gut besuchter Balzplatz in Finnisch-Lappland Mitte Mai. Bei geschlossener Altschneedecke fordern die Hennen noch nicht zur Paarung auf.

Der Hahn singt morgens zuerst vom Baum aus. Man nennt diese Phase Baumbalz. Der gefächerte Schwanz wird während des Knappens zunächst gesenkt, bis zum Hauptschlag allmählich wieder gehoben. Kopf und Hals sind hochgereckt. Am Hals ist nur der Kehlbart gesträubt. Die Flügel hängen leicht seitlich herab. Der Kopf ist während des Schleifens in zuckender Bewegung. Dabei kommen der Kehlbart, der kräftige elfenbeinfarbene Schnabel und die roten Rosen über den Augen besonders zur Geltung.

Wenn es allmählich heller geworden ist, schwingt sich der Hahn mit dumpfen Flügelschlägen vom Baum ab und landet am Boden im eigentlichen Revierzentrum, einer Lücke oder Lichtung im Wald. Hier schließt sich die Bodenbalz an. Es folgt Strophe auf Strophe. Der Hahn läuft am Boden hin und her. Zuweilen singt er auch eine Strophenserie von einer kleinen Erhöhung, einem Felsplateau oder einem Baumstubben aus. All dies bedeutet Reviermarkierung. Der Hahn singt auch, wenn kein Rivale oder Weibchen in der Nähe sichtbar oder zu hören ist. Der Gesang bedeutet: Dies ist mein Revier, kein anderer Hahn hat hier etwas zu suchen. Fluggeräusche der Artgenossen regen den Revierinhaber zu höchster Aktivität an.

Heller Hornschnabel, abgespreizter Kehlbart und die roten Rosen kennzeichnen den imponierenden Auerhahn. Hamra, Schweden.

Auch späte Schneefälle unterbrechen kaum die Balzaktivität. Steiermark, Österreich.

Worgen, Kröchen – die Rufe des Hahns

Es ist schon heller Vormittag, die Gesangspausen werden länger, bis der Hahn endlich abfliegt, um in den folgenden Stunden zu ruhen und zu fressen. Manchmal „worgt“ er vor dem Abflug, ein aus 2 bis 6 Silben bestehender guttural-würgender Ruf wie „kröck-kröck-kök“. Dabei beugt er sich nach vorn und streckt den Hals. Gleichzeitig sträubt er das Halsgefieder, was er beim

Bodenbalz während der „Hennenwoche“, der Zeit maximaler Aktivität am Balzplatz, in der die Paarungen erfolgen. Thüringen.

normalen Singen nie tut. Dies ist ein typisches Kennzeichen für Angriffs- oder Abwehrbereitschaft. Taucht dagegen ein Rivale in der Nähe auf, so geht der revierbesitzende Hahn zum sogenannten Kröchen über. Er hängt an das Worgen noch ein zischendes Röcheln mit Verbeugung an. Kommt es an der Reviergrenze zur Auseinandersetzung zwischen den Rivalen, so kann das Drohen mit Verbeugung allmählich in Schnabelfechten oder in den Flügel-

Noch in der Balzzeit bilden Kiefernnadeln – mitunter dick von Reif bedeckt – die energiearme Nahrung des Auerhahns. Thüringen.

Intensive Werbung eines Hahns in Finnisch Lappland. Die Hennen fordern zur Paarung auf.

kampf übergehen, sobald sich die Hähne gegenseitig gepackt haben. Das Knallen der harten Schwingen ist im morgendlichen Wald weit zu hören und kann sogar Feinde anlocken.

Flugschall und Flattersprung

Jedes Landen am Boden oder auf einem Baum ist beim Hahn mit weit schallenden dumpfen Flügelschlägen, oft auch noch mit geräuschvollem Anschlagen der Flügel an Ästen und Zweigen verbunden. Der Hahn produziert diesen signalhaften Flugschall gelegentlich beim Revierflug, bei dem mehrere dumpf trommelnde Flügelschlagserien aufeinander folgen, wenn er sich Rivalen annähert oder diese verfolgt. Am weitesten entwickelt ist diese Form der Lauterzeugung beim Flattersprung. Meist an den Beginn einer Gesangsstrophe anschließend erhebt sich der Vogel mit wenigen Flügelschlägen etwa einen bis zwei Meter hoch in die Luft, schwebt einen Augenblick mit gestreckten Flügeln und landet wieder mit dumpfen Flügelschlägen. Beim Auffliegen wie beim Landen leuchten blendend weiße Felder im Unterflügel auf. Sieht man den Vogel nicht, so sind nur die beiden Flügelschlagserien hörbar – auch auf

oben: Der Revierkampf beginnt mit frontalem Gegenüberstehen der Rivalen, Verbeugungen mit Kröchen, gelegentlich von Gesangsstrophen unterbrochen. Steiermark.

Mitte: Darauf folgt „Schnabelfechten", mit gegen Kopf und Schnabel gerichteten Hieben. Steiermark.

unten: Ernster Schnabelkampf mit harten Flügelschlägen: Nicht selten sind Verletzungen, sehr selten der Tod des Gegners. Die Reviergrenzen auf der Arena können sich in der Folge verschieben. Steiermark.

Am höchsten Punkt des Flattersprungs schwebt der Hahn für eine Sekunde in der Luft. Die weißen Unterflügel leuchten, das laute Poltern der Schwingen beim Aufsteigen und Landen ist weit hörbar. Hamra, Schweden.

größere Distanz. Fliegt eine Henne oder ein Rivale über den Balzplatz hin, so antwortet der Hahn oft mit einer ganzen Folge von Flattersprüngen.

Werbung und Paarung

Mit dem Erscheinen der Hennen auf der Arena beginnt die intensive Phase des Balzgeschehens. Dies ist von Mitteleuropa bis Südskandinavien im letzten Drittel des April der Fall. Beim Auerhuhn herrscht Damenwahl. Die Hennen scharen sich um den Haupthahn, der in Kämpfen erfolgreich sein Revier verteidigt hat. Die Paarungen erfolgen nicht sofort: Manchmal kann es Tage

Bei der Paarung stützen sich beide Partner mit den harten Handschwingen ab. Die „Tretplätze" werden gern auf Hügeln mit guter Umsicht gewählt, um Feinde zu vermeiden. Finnisch Lappland.

Sonnenbalz eines zweijährigen Hahns auf einem Balzplatz in Kärnten. Die starken waagerechten Äste der Lärche sind in den Alpen als Singwarten besonders beliebt.

dauern, bis die paarungsbereiten Hennen getreten werden. Nach erfolgter Paarung verlassen sie nacheinander den Balzplatz und fliegen in ihre Brutreviere. Junghähne können in sicherer Entfernung vom Haupthahn ebenfalls Imponierhaltung auf einem Baum oder am Boden einnehmen und sogar singen. Wagen sie sich zu nahe heran, werden sie vehement vertrieben.

In sicherer Entfernung vom Haupthahn singt ungestört ein Jährling, der in der Nähe vehement vertrieben würde. Hamra, Schweden.

Raumbedarf – das Tortenmodell

Nach Beobachtungen in Schweden wurde spekuliert, dass Auerhähne abseits vom Balzplatzzentrum ausgedehnte Tageswohngebiete besitzen, in die sie sich nach der Morgenbalz zurückziehen. Mittels besenderter Hühner gelang im Studiengebiet Varaldskogen in Südostnorwegen ebenso wie im französischen Jura der Nachweis, dass die Reviere der Auerhähne vom Zentrum des Balzplatzes aus radial angeordnet sind und dass zweijährige und ältere Hähne Tageswohngebiete nutzen, die maximal bis zu 2 km vom Balzplatzzentrum entfernt sind. Die Hahnenreviere eines Balzplatzes grenzen wie Stücke einer Torte aneinander. Das „Tortenmodell" beschreibt mindestens für mittelgroße Balzplätze mit vier bis acht Hähnen die Situation sehr gut. Nur die Spitzen der „Tortenstücke", die eigentlichen Reviere, bilden die Balzarena, die viel größeren Teile entsprechen den Tages- und z. T. den Jahreswohngebieten.

Nach ihrer Morgenaktivität im Zentrum der Reviere mit Reviergesang und Werbung um die Hennen und Revierkämpfen ziehen sich die Hähne meist zu Fuß in ihre Tagesgebiete zurück, ruhen dort und gehen der Nahrungssuche nach. Die morgens streng kontrollierte „Revierstruktur" löst sich also tagsüber auf. Die Tageswohngebiete werden auch nicht verteidigt, dies trifft nur für die eigentlichen zentral gelegenen Reviere zu. Am Abend oder am frühen Morgen kehren die Hähne fliegend oder zu Fuß wieder ins Balzplatzzentrum zurück, wo meist auch die Schlafbäume liegen. Die sich überlappenden Jahreswohngebiete mit Mausergebieten, Brutplätzen und Kükenaufzuchtsflächen und den jahreszeitlich wechselnden Nahrungshabitaten sind viel größer (Hähne 200–800 ha, Hennen 100–400 ha). Da Junghähne bis zum 3. Lebensjahr mehrere Balzplätze im Umfeld besuchen, sind ihre Wohngebiete

Nach dem Ende der Morgenbalz geht ein Jährling am Rande eines Balzplatzes der Nahrungssuche nach. Im April bilden Kiefernadeln noch immer die Hauptnahrung. Schottland.

am größten, bis 900 ha. Daraus folgt, dass für eine überlebensfähige Auerhuhnpopulation große Waldlandschaften zwischen 40.000 und 100.000 ha erforderlich sind, die nach Modellbetrachtungen aus dem Schwarzwald wenigstens ein Drittel besten Lebensraums enthalten sollten.

Fazit: Als unser größter Hühnervogel braucht das Auerhuhn viel Raum. Je größer die geeigneten Waldareale sind, umso besser für sein Überleben. Forscher haben drei Ebenen des Raumbedarfs definiert: Am Balzplatz benötigt ein Hahn mit dem Tageswohngebiet mehrere hundert Hektar. Sommer- und Winterwohngebiete einer Balzgruppe können bis zu 10 Quadratkilometer umfassen. Der Abwanderungs- und Ausbreitungsraum der Junghühner ist zwischen 20 und 1000 Quadratkilometer groß.

Wie zählt man Auerhühner?

Nach den alten Lehrmeistern der Auerhahnjagd, Wurm und Fuschlberger, zählten früher die „Verloser" genannten Jagdgehilfen die balzenden Hähne. Sie suchten im zeitigen Frühjahr im Tauschnee die traditionellen Plätze auf und erhielten anhand des auffälligen Kots, der „Losung" unter den Schlafbäumen, erste Hinweise auf die Anwesenheit der Hähne. Dann folgte das „Verhören" beim Abendeinfall und bei der Morgenbalz. Auf großen Balzplätzen waren oft mehrere Gänge, evtl. auch mehrere Beobachter nötig, um die Hähne zu erfassen. Auch heute erweist sich dieses Verfahren als praktikable Methode. In Schottland und weiteren Regionen wurde es noch verbessert: Abends suchen die Beobachter Versteckzelte zum Übernachten auf. Von dort aus wird abends und morgens gezählt. Erst nach dem Abstreichen der scheuen Hühner am Morgen darf das Versteck verlassen werden. Beim Höhepunkt der Balz, wenn die Hennen erscheinen, ist die Zählung am ergiebigsten und das Ergebnis am zuverlässigsten. Neben den revierbesitzenden Althähnen und den Hennen finden sich dann auch Jährlinge und zweijährige Hähne ein. Letztere gleichen äußerlich schon sehr den Alten, sie beteiligen sich jedoch nicht an den Kämpfen, sondern fliehen vor den Revierbesitzern. Auf diese Weise kann man Maximalwerte des Bestandes erfassen. Sofort nach den Paarungen verschwinden die Junghähne zugleich mit den Weibchen. Die wechselnde Zahl der ein- und zweijährigen Hähne kann allerdings leicht zu Überschätzungen des Bestands führen, da sie

Massenweise liegen Kotwürstchen eines Hahns und breit gestreuter Blinddarmkot unter einem Schlafbaum am Moorrand in Mittelschweden, im Tauschnee unübersehbar.

mobil sind, an anderen Balzplätzen auftauchen und dort wiederum gezählt werden. Vorsicht ist daher geboten.

Heute stehen aber auch molekulargenetische Methoden zur Verfügung, mit denen aus Federn oder Kotproben die Individuenanzahl einer Population erfasst wird. Auch die genetische Variabilität und der Populationsaustausch sind so messbar geworden. Schließlich werden Fotofallen an den Balzplätzen erfolgreich eingesetzt, neuerdings sogar bioakustische Methoden.

Fotofallen, am Balzplatz gut plaziert, können störungsarm für die Bestandsermittlung eingesetzt werden – hier eine Aufnahme aus Varaldskogen, Norwegen.

Lebensraum

Je seltener Auerhühner bei uns werden, umso häufiger stellt sich die Frage: Was benötigen eigentlich diese Vögel? Wie sieht der ideale Lebensraum aus?

In unsere mitteleuropäische Heimat ist das Auerhuhn mit dem Vordringen der Nadelwälder, zuletzt nach der letzten Eiszeit eingewandert. Schon in der davor liegenden Zwischeneiszeit war es in Mitteleuropa weit verbreitet, was durch zahlreiche Knochenfunde belegt ist. Mit der jüngsten Vereisung verschwand es wieder. Häufigkeit und Verbreitung in jüngerer Zeit wurden durch die nacheiszeitliche Waldentwicklung entscheidend bestimmt. Erst viel später griff der Mensch in das Geschehen ein: Durch Roden des Waldes, Vernichten der Beutegreifer und Ausbreiten der

Heidelbeer-Kiefernforst im Buntsandsteingebiet Thüringens. In unseren Gebirgen sind viele Auerhuhnlebensräume durch Menschenhand entstanden. Die früher übliche Streunutzung hat die Böden so verarmen lassen, dass sich anstelle ursprünglicher Laubwälder Kiefernforsten entwickelten. Mit ihrer Zwergstrauchvegetation am Boden ähneln sie dem borealen Nadelwald.

Ein Lebensraum besonderer Art: Im Kantabrischen Gebirge Nordspaniens lebt eine bedrohte Auerhuhnunterart im reinen Laubwald aus Buchen, Eichen und Stechpalmen.

Alpiner Bergwald aus Fichten und Zirbelkiefern in Südtirol. Felsen, Totholz und üppige Bodenvegetation bedingen den Strukturreichtum, durch Waldweide geprägt.

Der Falke Journal für Vogelbeobachter

Unser Geschenk für neue Abonnenten:

FASZINIERENDE VOGELMOMENTE

Der Falke-BILDBAND!

FALKE-Leser erhalten Monat für Monat aktuelle und kompetente Informationen aus erster Hand. **DER FALKE** informiert Einsteiger wie auch fortgeschrittene Vogelbeobachter regelmäßig über alles, was interessant, spannend und wichtig ist. Zum Beispiel:

» Neues zur Biologie und Ökologie der Vögel
» Aktuelles zum nationalen und internationalen Vogelschutz
» Vorstellungen interessanter Beobachtungsgebiete
» Reise- und Freizeittipps
» Hilfe bei „kniffligen" Bestimmungsfragen
» Kurzberichte über bemerkenswerte Beobachtungen von Lesern
» Veranstaltungen, Rezensionen, Fotogalerie und Kleinanzeigen

Zusatzvorteil: FALKE-Abonnenten erhalten den FALKE-Taschenkalender jedes Jahr **gratis!**

Kiefer auf den durch Waldstreunutzung verarmten Böden förderte er, ohne es zu wollen, vorübergehend das Auerhuhn. Erst im 20. Jahrhundert wurden die empfindlichen Hühner durch menschliche Aktivität mehr und mehr verdrängt und vielerorts zum Aussterben gebracht. Der Rückgang begann in den zersplitterten Wäldern der Ebene, setzte sich über Vorberge in die Mittelgebirge fort und macht heute auch vor den Hochgebirgsvorkommen nicht Halt.

Immerhin stellen die Alpen das größte, allerdings längst nicht mehr geschlossene Areal der Art in Mittel- und Westeuropa dar. Solange Auerhühner zwischen den besiedelten Lebensraumteilen, getrennt durch ungeeignete Räume, noch Kontakt zu halten vermögen, spricht der Ökologe von einer Metapopulation. Mindestens ein Teil der Vögel wandert zwischen den besiedelten „Waldinseln“ hin und her und sorgt für genetischen Austausch. Dieser Zustand ist typisch für die Alpen, wo die durch Felder, Dörfer, Städte und Verkehrswege besetzten waldfreien Talböden im günstigsten Fall von Hang zu Hang durch die Vögel noch überflogen werden können.

In mittleren Höhen der Alpen und der Mittelgebirge bildet der Bergmischwald aus Fichte, Tanne, Buche und Bergahorn von den Tälern bis in die Hanglagen die für das Auerhuhn wichtigste Waldgesellschaft. Mit zunehmender Höhenlage werden Fichten immer häufiger, die zwischen 1500 und 2000 m Höhe den subalpinen Fichtengürtel bilden. In den zentral-alpinen Trockentälern der Schweizer Alpen, in Teilen von Österreich und Südtirol wird die Fichte in etwa 1900 m Höhe von prachtvollen Lärchen-Arven-Beständen abgelöst. Alle diese Waldgesellschaften bieten dem Auerhuhn Lebensraum. Entscheidend und allen geeigneten Waldtypen gemeinsam sind lockere, mehrstufige Bestände mit Lücken, eine gut entwickelte Heidelbeerstrauchschicht und liegendes verrottendes Totholz. Die Umwandlung natürlich gemischter Wälder in gleichalte Fichtenforste, die oft durch Kahlschlag genutzt wurden, hat aber auch in den Alpen, besonders in den unteren Lagen, Auerhuhnlebensräume zerstört.

In vielen Mittelgebirgen ist das Auerhuhn im letzten Jahrhundert ausgestorben – so in der Rhön, im Erz- und Elbsandsteingebirge, im Spessart, Odenwald und in den Sudeten vom Iser- bis zum Altvatergebirge. Im Thüringer Schiefergebirge sind die Bestände trotz intensiver Schutzbemühungen auf zwei Dutzend Vögel geschrumpft, obwohl die Waldbilder denen des heute noch besiedelten Schwarzwaldes oder des Böhmerwaldes gleichen. Ein kleines Restvorkommen überlebte bis heute im Fichtelgebirge in ähnlichen Lebensräumen. Dass Auerhühner durchaus plastisch reagieren, zeigen als Besonderheit die am weitesten nach Westen vorgedrungenen Vögel: In der Kantabrischen Küstenkordillere lebt eine Unterart in reinen Buchen- oder Eichenwäldern, in denen die Stechpalme als einziges wintergrünes

Element vorkommt! Im Süden des Urals dringen Auerhühner in von Eichen dominierte Laubwälder vor, und die Vögel der Pyrenäen suchen mitunter an der Baumgrenze viel offenere Bereiche auf, als wir es in Mittel- und Nordeuropa kennen.

Auerhuhnbalz im jungen Wald?

Aus Finnland und Norwegen häufen sich Berichte, nach denen Auerhuhnbalzplätze neuerdings in 30- bis 40-jährigen Jungbeständen entstanden sind. Hat sich die Forschung über Jahre getäuscht? Wandelte sich die Symbolart des reifen, alten Waldes plötzlich zum Jungwaldbewohner? Die Erklärung könnte darin liegen, dass durch wiederholte maschinelle Durchforstung, wobei der Deckung spendende Unterwuchs vernichtet wurde, die alten Waldbestände so aufgelichtet worden sind, dass Auerhühner dort vor Steinadler und Habicht nicht mehr sicher sind. Die Verlagerung der Balzplätze in den Jungwald dient also offenbar der Feindvermeidung. Die Jungbestände in Skandinavien sind außerdem von Natur aus licht und lückig, meist mit flächendeckender Schicht von beerentragenden Zwergsträuchern durchsetzt, also mit unseren dichten, dunklen Jungbeständen nicht vergleichbar. In den Naturwäldern der Nationalparks Skandinaviens bleibt das Auerhuhn jedoch auch weiterhin ein Symbol des alten Waldes! Wir lernen jedenfalls daraus: Lücken im Wald sind wichtiger für das Auerhuhn als das Baumalter!

Varaldskogen, Südost-Norwegen: Nach starker maschineller Durchforstung mit Beseitigung des Fichtenunterwuchses wurde der alte Kiefernwald „unwohnlich" für Auerhühner. Sie gaben ihren Balzplatz auf, weil sie vor dem Angriff von Habicht oder Steinadler nicht mehr sicher waren. Das Ausweichen in junge Waldbestände ist offenbar eine Reaktion auf diese Form der Waldnutzung.

Eine auerhuhngemäße Forstwirtschaft

Unsere Auerhühner haben bewiesen, dass sie mit schonender, naturnaher Forstwirtschaft durchaus leben können. In Kiefernforsten stellt sich dabei die Situation für das Auerhuhn viel günstiger dar als in Fichtenforsten. Kleinere Kahlflächen und ruhige Waldwege werden oft in Balzplätze einbezogen, wenn in der Umgebung noch ausreichend große Altholzbestände erhalten geblieben sind. Hennen nutzen mit ihren Küken gern die sonnigen Ränder solcher Schläge, solange die aufwachsenden Bäume nicht zu dicht stehen. Im Alter von 20 bis 40 Jahren fallen aber bei uns auch Kiefernstangenhölzer wegen ihrer Dichte und Dunkelheit als Auerhuhnlebensräume aus. Sobald jedoch durch Schneebruch und Windwurf in solchen Beständen Lücken entstehen, finden Auerhühner darin geschützte, ruhige Aufenthaltsorte für den Winter. Über sechzigjährige Kiefernforsten sind oft schon so lückig und reich an Heidelbeersträuchern, dass sie besonders den Hennen Lebensraum bieten und auch zur Brut genutzt werden.

Wichtig ist vor allem, dass durch das Wirken des Försters innere Grenzlinien im Wald gefördert werden. Dem Forstmann geläufige Verfahren, die Lücken fördern, sind zur Pflege und Erhaltung von Auerhuhnlebensräumen gut geeignet. Bei der Durchforstung sollte aber die Dichte der Bäume, der „Kronenschlussgrad“, auf wenigstens 70 % gesenkt werden. Licht muss auf den Waldboden, damit besonders die Heidelbeere gedeiht und fruchtet. Da die Vögel gegen Störung sensibel sind, müssen Forstarbeiten auch auf den Jahresrhythmus der Hühner abgestimmt werden. Das heißt: Ruhe schaffen in der Fortpflanzungszeit zwischen März (Balzbeginn) und Anfang August, wenn die Jungen gut flugfähig sind. In Wäldern, wo der Besucherdruck hoch ist, haben sich dichtere Baumkulissen entlang von Wanderwegen bewährt, sodass die Störung der sensiblen Hühner gemindert wird. Das Auerhuhn dient mit Recht als Indikator für eine mit Verstand und Augenmaß betriebene Forstwirtschaft, für ökologisch intakte naturnahe Wälder, die auch viele andere Tier- und Pflanzenarten beherbergen.

Nahrung

Das Nahrungsspektrum des Auerhuhns ändert sich je nach Alter und Jahreszeit. Küken nehmen in den ersten Lebenswochen fast ausschließlich tierliche Kost in Form kleiner Gliedertiere und anderer Wirbelloser zu sich. Sie wachsen rascher und benötigen mehr Insekten als andere Raufußhühner. Im Alter von zwei Wochen treten in zunehmendem Maße grüne Pflanzenteile und zarte Sämereien in der Kükennahrung auf. Im Spätsommer und Frühherbst gewinnen für Jung- und Altvögel reifende Beeren und andere Früchte große Bedeutung, deren Inhaltsstoffe leicht in Körpersubstanz überführt werden können. Sind die Heidelbeeren abgeerntet, treten vermehrt Preiselbeeren an ihre Stelle, in den Mooren auch Moosbeeren, die oft noch selbst im Spätherbst, im Winter und sogar im zeitigen Frühjahr erreichbar bleiben. Wenn die Schneedecke anwächst, sind die bis dahin am Boden fressenden Auerhühner gezwungen, ihre Ernährung den restlichen Winter über mit Nadeln, Trieben und Knospen der Nadelbäume zu bestreiten. Diese Situation kann im Norden des Verbreitungsgebietes oft länger als ein halbes Jahr andauern. Der herbstliche Übergang zur Ernährung auf Bäumen erfolgt aber auch unabhängig von der Schneedecke. In schneefreien Perioden allerdings nutzen sie bei uns auch im Winter die Krautschicht, vor allem Heidelbeertriebe.

Mit der Schneeschmelze gehen die Hühner wieder zur Bodennahrung über. Die Hennen haben besonders in der Zeit, in der die Eier gebildet werden, einen hohen Eiweißbedarf. In moorigen Wäldern suchen sie daher systematisch nach den Blüten des Wollgrases. Einen besonders hohen Eiweißbedarf haben Auerhühner auch in der Mauserperiode, wenn die neuen Federn wachsen. Neben kleinen Bodeninsekten, Spinnen und Schnecken spielen dabei regional besonders Ameisen eine wichtige Rolle.

Auerhuhn und Borkenkäfer – Überraschung aus dem Bayerisch-Böhmischen Grenzgebirge

Der Nationalpark Bayerischer Wald verursachte vor einiger Zeit Schlagzeilen in den Medien. Es gab Bürgerinitiativen, sogar Gerichtsprozesse gegen

Blick vom Lusengipfel zum Rachel im Nationalpark Bayerischer Wald. Nach dem Zusammenbruch der Fichtenforsten durch Borkenkäferbefall starb das Auerhuhn – wie Skeptiker befürchteten – nicht aus, es wanderte auch nicht ab, sondern der Bestand nahm stark zu.

die aus heutiger Sicht völlig richtige, zukunftsorientierte Entscheidung von Nationalparkverwaltung und weitsichtigen Politikern, die im Sturm geworfenen Fichten liegen zu lassen und die folgenden Borkenkäfer-Entwicklungen als Heilmittel der Natur zu begreifen: Im Laufe der Jahre zeigte sich, dass der Käfer effektiver als der Mensch aus Fichtenforsten durch natürliche Entwicklung wieder naturnahe, stabile Bergmischwälder von großer Schönheit entstehen lässt. „Natur Natur sein lassen“ wurde zum obersten Ziel in Nationalparks.

Was aber selbst versierte Auerhuhnkenner nicht erwartet hatten: Das selten gewordene Auerhuhn verließ die oberen Lagen des Grenzkammes sogar dann nicht, als der verbliebene Bergfichtenwald sich erst braun färbte, dann dürr wurde und schließlich großflächig zusammenbrach. Das Verhau der niedergebrochenen Stämme gab selbst im Winter Deckung, und die Verjüngungsinseln der Fichte genügten den Hühnern zur unverzichtbaren Nadelnahrung, boten Windschutz, Verstecke und Schlafplätze. Im Sommerhalbjahr spendeten Heidelbeere, Himbeerverhaue, Gräser und Kräuter reiche Nahrung am Boden. Lücken, Wärme und vielfältiges Insektenangebot durch die Käfer selbst, aber auch durch Larven im verrottenden, liegenden Totholz, die die Auerhennen geschickt im Mulm zu finden wissen, förderten auch das Aufwachsen der Küken. In grenzüberschreitenden Forschungsprojekten der Nationalparks Bayerischer Wald und Šumava gelang es mit modernen molekulargenetischen Methoden, aus den gesammelten Kotproben eine

Lebensraum im Bergfichtenwald der Zentralschweiz.

deutliche Bestandszunahme gegenüber den 1980er- und 1990er-Jahren zu beweisen. Damals war der Bestand auf rund 150 abgesunken, im Nationalpark Bayerischer Wald auf gerade noch 20 Auerhühner! Fazit: Natürliche Waldumwandlung durch Borkenkäferbefall fördert das Auerhuhn neben vielen anderen seltenen, im Wirtschaftswald fehlenden oder zurückgehenden Arten. Mit modernen Methoden der Luftbildauswertung wurde die Auerhuhnzunahme als Folge des Käferbefalls erkannt: Vielfalt an Waldstrukturen und Bodenpflanzen und folglich Insektenreichtum erwiesen sich als positive Faktoren. Die schweizerische Auerhuhnforschung empfiehlt für den alpinen Bergwald das Gleiche – das Ausnutzen natürlicher Einflüsse, indem nach Windwurf und Borkenkäferbefall liegendes Holz nicht abgefahren, sondern als Schutz, Feuchtespeicher, Keimbett und Strukturbereicherung für die Artenvielfalt und Walderneuerung erhalten werden soll.

Forschung für den Schutz

Schweiz

Die gravierende Abnahme des Auerhuhns von mindestens 1100 Hähnen (1970) auf 550–650 (1985) hat im Zusammenwirken der Schweizerischen Vogelwarte Sempach, der Eidgenössischen Forschungsanstalt für Wald, Schnee und Landschaft und der Universität Lausanne Forschungen ausgelöst, die für den Jura und den ganzen Alpenraum beispielhaft sind und die die Schutzmaßnahmen auf solide Füße stellen. Geländestudien, die in

Mut zur Lücke – Aufzucht braucht Licht, Wärme, Bodennahrung, wie hier im Schwarzwald.

Lebensraum-Eignungsmodelle mündeten, erlaubten die Auswahl von Vorranggebieten für das Auerhuhn in einem „Aktionsplan Auerhuhn". Die Forscher fanden u. a. heraus, dass die Größe des Lebensraumes und seine Vernetzung mit dem Umfeld besonders wichtig sind. Vorranggebiete sollten nicht weiter als 10 km, besser nur 5 km voneinander entfernt sein. Auch wenn einzelne Auerhühner größere Strecken zurücklegen können, ist der Zusammenhalt und damit der genetische Austausch innerhalb einer solchen Metapopulation bei geringerer Distanz sicherer. Die Untersuchung der besten Auerhuhnwälder ergab höchste Anteile an lichtem, lückigem Wald und mehrschichtige Bestände. Wurzelteller und liegendes Totholz erwiesen sich ebenfalls als wichtige Komponenten, ebenso die Strauchschicht der Heidelbeere als Nahrungs- und Deckungspflanze. All das sind Befunde, die in der internationalen Auerhuhnliteratur schon lange hervorgehoben wurden. Für die Schweiz wurden sie nun mittels moderner Methoden präzisiert und für die praktische Umsetzung aufbereitet.

Beispiel „Aktionsplan Auerhuhn" im Schwarzwald

Im Schwarzwald bemüht man sich, dem immer noch anhaltenden Abwärtstrend der Population mit dem „Aktionsplan Auerhuhn" entgegenzuwirken. Mittels Bestandsmonitoring, Populationsgenetik, Lebensraumbeurteilung und -modellierung wurden in einem ersten Schritt die wertvollsten Gebiete identifiziert, die für ein langfristiges Überleben der Population notwendig sind. Im zweiten Schritt wurden Maßnahmen festgelegt, die Lebensraumverbesserung, Lenkung des Tourismus, Kontrolle von Fressfeinden und Richtlinien für die Entwicklung der Infrastruktur einschließen. Bei all diesen Maßnahmen spielt der Populationszusammenhalt eine zentrale Rolle. Die Umsetzung des Aktionsplans wird von Schulungen, Öffentlichkeitsarbeit, Erfolgskontrollen im Auerhuhnbestand und durch Optimierungsmaßnahmen im Lebensraum begleitet. Auch Forschung findet statt. Besonders wichtig für den Schutz war z. B. die Abschätzung des durch Loipen, Wanderwege und andere Infrastrukturen verursachten Verlustes an Auerhuhnlebensraum. Im allgemeinen Teil dieses Buches sind weitere Details dazu erläutert worden. Der Plan bildet die Grundlage für die Landnutzung, insbesondere für Forstwirtschaft, Jagd und Landschaftsplanung. Eine Mammutaufgabe, denn widerstrebende Interessen machen die Aufgaben nicht leicht. Aber der Einsatz lohnt sich – die Schirmart Auerhuhn signalisiert: Wo sie überlebt, ist auch der Lebensraum Wald mit seinen vielen Mitbewohnern noch ökologisch intakt.

Wiederansiedlung

Anders als das geschlossene Raufußhühnerareal in der Waldzone von Nordeuropa bis Ostsibirien stellen die Restvorkommen in West- und Mitteleuropa (mit Ausnahme der Großräume wie Alpen und Pyrenäen) heute isolierte Verbreitungsinseln dar, deren Bewohner von Rückgang und Aussterben bedroht sind. Bereits früh begegnete man dem Schwinden von Auer- und Birkhuhn in solchen Gebieten durch Aussetzen, zunächst durch jagdliches Interesse motiviert, später als Maßnahme des Artenschutzes. Während zu Beginn die Umsiedlung von Wildfängen gängige Praxis war, eröffneten im 20. Jahrhundert Fortschritte bei der Aufzucht und Haltung von Raufußhühnern in menschlicher Obhut, insbesondere die naturnahe Haltung in Biotopvolieren, zunächst neue Möglichkeiten. Der Einsatz von Medikamenten erhöhte zwar den Zuchterfolg, minderte aber die Verdauungsleistung, was sich in der Folge als Irrweg erwies.

Im Rahmen von elf Auerhuhn-Ansiedlungsprojekten wurden allein in Deutschland seit 1950 mehr als 5.400 Individuen freigelassen. Nahezu alle Projekte wurden inzwischen wieder eingestellt, mit Ausnahme des Projekts in Thüringen und der Niederlausitz Brandenburgs. Eindeutig fehlgeschlagen sind die Vorhaben im Ebbegebirge, Harz, Odenwald, in der Rhön und im Sauerland. Im Nordschwarzwald sowie im Bayerischen und Böhmerwald waren die bodenständigen Populationen noch so stark, dass ihre Erhaltung nicht durch Bestandsstützung erklärt werden kann.

Die Auswilderung in menschlicher Obhut aufgezogener Auerhühner hat sich in den genannten Vorhaben nicht bewährt. Gestörte Nahrungsverwertung

Born-to-be-free-Voliere im Thüringer Auerhuhnprojekt. Die Mutterhenne verbleibt in der Voliere, die halbwüchsigen Jungen wandern allmählich in den künftigen Lebensraum.

und Verhaltensmängel, mangelhafte Reaktion auf Feinde, unzureichende Organ- und Muskelentwicklung, eingeschränkte Zelluloseverdauung, wenn durch Medikamente die Mikrobenflora der Blinddärme gestört wurde, sowie abnormales Verhalten gegen Menschen werden als Hauptursachen diskutiert.

Das Auerhuhnprojekt in Thüringen

Die Auswertung der bisherigen Misserfolge in verschiedenen Auerhuhnprojekten in Deutschland hat in Thüringen u.a. zu einer Kombination des Freilassens von Wildfängen und Vögeln aus naturnaher Aufzucht geführt. Bei der Aufzucht wurde die Gabe von Antibiotika grundsätzlich vermieden, um die Mikroflora der Blinddärme sich richtig entwickeln zu lassen. Die früher übliche Pelletnahrung wurde durch jahreszeitlich wechselnde Naturnahrung ersetzt und die genetische Variabilität des Zuchtstammes durch Zuführen von Auerhühnern aus verschiedenen Herkunftsgebieten erhöht.

Entsprechend den von der Internationalen Naturschutzorganisation IUCN publizierten Regeln für Wiederansiedlungsprojekte wurden vor allem die Rückgangsursachen geklärt und in den Kerngebieten beseitigt; das betrifft an erster Stelle die Lebensraumqualität und -quantität. Auf Landschaftsebene (rund 40.000 ha der EU-Vogelschutzgebiete im Thüringer Schiefergebirge) laufen daher seit Jahren Bewertungen und Kartierungen der Lebensraumeignung, auf deren Grundlage flächige Pflegemaßnahmen umgesetzt werden.

Bewährt hat sich außerdem die von Andrzej Krzywinski in Polen entwickelte „Born-to-be-free“-Methode der Freilassung, bei der die Mutterhenne mit ihrem Nachwuchs in Volieren im künftigen Lebensraum gebracht wird und die Jungen von dort aus allmählich in die Freiheit gelangen. Auch eine Senkung der Schalen- und Raubwilddichte im Freilassungsgebiet durch Berufsjäger war und ist eine entscheidende begleitende Maßnahme. Im Vergleich zur Periode vor den Optimierungsmaßnamen überlebten Auerhühner aus der naturnahen Aufzucht nach Auswertung von 29 Ringwiederfunden wesentlich länger und konnten sich fortpflanzen. Trotzdem ist der Bestand wegen der geringen Populationsgröße noch keinesfalls gesichert. Wiederansiedlungsprojekte benötigen langen Atem.

Eine Wildfang-Auerhenne aus Schweden im Thüringer Freilassungsgebiet. Wildfänge erwiesen sich als wesentlich langlebiger nach der Freisetzung als Hühner aus naturnaher Aufzucht.

Auch das Ausbringen von russischen Wildvögeln führte nach Telemetriestudien in Thüringen zu hoffnungsvollen Ergebnissen. Das gilt ebenso für das neuerliche Einsetzen schwedischer Wildfänge. Trotzdem ist der Verlauf einer Umsetzung von Wildfängen von den Bedingungen im Auswilderungsgebiet abhängig. Feinddruck, Lebensraumqualität und -größe spielen hierbei die entscheidende Rolle, vor allem auch die Anzahl der ausgesetzten Tiere. In der Niederlausitz wurde bisher mit über 300 umgesiedelten Wildauerhühnern aus Schweden ein Durchbruch erreicht: 2019 wurde die neu gegründete Freilandpopulation mit molekulargenetischen Methoden auf rund 100 Vögel bestimmt, mit zahlreichen Jungvögeln, die im neuen Lebensraum erbrütet worden und aufgewachsen sind.

Die Vorteile der Verwendung von Wildvögeln fußen auf umfangreichen Projekten mit verschiedenen Raufußhuhnarten in Nordamerika. Sie waren dann erfolgreich, wenn die Zahl umgesetzter Vögel groß und der Lebensraum tauglich war. Nach dem Abschuss der letzten Auerhühner 1785 im Balmoral-Forest Schottlands gelang 1837–1838 mittels schwedischer Wildfänge die Wiederansiedlung – trotz Höhen und Tiefen des Bestands ein bis heute währender Erfolg, dessen neuere positive Entwicklung nicht zuletzt im Rahmen eines EU LIFE-Projekts gefestigt werden konnte.

Der Mensch wird als Rivale betrachtet, gegen den der Hahn sein Revier verteidigt. Saale-Sandsteinplatte, Thüringen.

Die Richtlinien der „Species Survival Commission“ von 2013, einer Kommission der internationalen Naturschutzorganisation IUCN, liefern einen fachkundigen Rahmen für Wiederansiedlungsvorhaben. Die Rettung einer vorhandenen ursprünglichen Population sollte jedoch immer Vorrang vor kostenintensiven und risikoreichen Wiederansiedlungen haben.

Abnormes Verhalten

Ein Auerhahn, der nicht vor dem Menschen flüchtet, sondern sich ihm annähert, angreift, ja ihm sogar auf den Kopf fliegt – kann es so etwas geben? Abnorme, verrückte, tolle Auerhähne wurden in der Jagdliteratur immer wieder beschrieben, neuerdings auch aus den großräumigen Vorkommensgebieten Estlands, Finnlands und der Schweiz. Von 1965 bis 1983 wurden in der ursprünglichen Thüringer Population zehn solcher Hähne bekannt. Man rechnete mit 1 % verrückter Hähne, allerdings in fragmentierten, abnehmenden Populationen mit steigender Tendenz. Wir fanden sie nur einzeln balzend, wobei sie ihr Revier intensiv auch gegen Menschen verteidigten. In unseren Experimenten erwiesen sich diese Hähne als fruchtbar, hatten erhöhte Testosteron-Werte, kopulierten sofort ohne langes Werbeverhalten mit Hennen-Attrappen, griffen Hahnenattrappen vehement an, ebenso auch Menschen, drohten gegen Dackel und flüchteten vor großen Hunden. Sie meiden also tierliche Feinde erfolgreich. Manche waren jahrelang bekannt, ehe sie spurlos verschwanden, vom Fuchs gerissen oder von Fahrzeugen überfahren. Das abweichende Verhalten wurde schon bei Jährlingen, aber auch bei älteren Hähnen beobachtet, mit Maxima im Frühjahr und im Herbst; in der Mauserzeit blieb die Aggression aus. Bei gezüchteten Auerhähnen tritt aggressives Verhalten gegen Menschen gehäuft auf. Von den vielen Hypothesen über die Ursachen scheint uns die fehlende Prägung auf das Feindbild Mensch in der frühen Jugendphase am wahrscheinlichsten. Es wurde aber auch ein stark erhöhtes Niveau des Geschlechtshormons Testosteron gemessen. Auch manche Auerhennen werden „balzzahm“, suchen Menschenansammlungen und Hühnerhöfe auf, ducken sich und fordern zur Paarung auf. Ihr Streifgebiet kann in der Balzzeit durch Suchflüge auf ein 20 km^2 großes Areal ausgedehnt werden.

Bei Birkhühnern ist abnormes Verhalten unseres Wissens bisher unbekannt. Erst in jüngster Zeit wurden in den Alpen erstmals zwei Haselhähne bekannt, die ihre Reviere gegen Menschen verteidigten. Beim nordamerikanischen Kragenhuhn gab es mehrere solcher Fälle.

In der Regel verteidigen tolle Auerhähne ihr Revier am Boden. Verfolgung im Flug und Landung auf dem Arm des Beobachters ist eher die Ausnahme. Bayerischer Wald.

Federn des Auerhahns: 1 Schwinge des rechten Handflügels, 2 Armschwinge, 3 Schulterfeder, 4 Decke der Flügeloberseite, 5 Steuerfeder, 6 Flankenfeder, 7 Unterschwanzdecke, 8 Oberschwanzdecke, 9 Halsfeder, 10 Bauchfeder, 11 Rückenfeder, 12 Brustfeder vom „Schild". Original, Farbstiftzeichnung F. Müller.

Federn der Auerhenne mit Küken und Ei: 1 Handschwinge, 2 Armschwinge, 3 Schulterfeder, 4 Oberschwanzdecke, 5 mittlere Steuerfeder, 6 Rückenfeder, 7 Unterschwanzdecke, 8 Flankenfeder, 9 Brustfeder, 10 Kropfregion „Schild", 11 Halsfeder, 12 Kopffeder, 13 Ei, 14 Küken, 1 Tag alt. Original, Farbstiftzeichnung F. Müller.

Fakten Auerhuhn *Tetrao urogallus* Linnaeus 1758

Areal, Bestandsgrößen

Das Areal reicht von Skandinavien bis zum Baikalsee, wo es sich mit dem des Steinauerhuhns z. T. überschneidet (Hybridenbildung). Isolierte Teilpopulationen in Mittel- und Westeuropa meist abnehmend, die westlichste im Kantabrischen Gebirge (hochbedroht). Bestandsgrößen: Pyrenäen ca. 6800 Individuen, Schottland ca. 2000, Russland 4 Mill., Fennoskandien 800.000, Karpaten 10.000, Alpen 30.000, Balkan 3.000, Beskiden (Slowakei, Polen) 1000.
Verbreitungskarten: Klaus et al. (1989), Coppes et al. (2015), Leclercq & Ménoni (2018), mit Unterarten.

Kennzeichen

Geschlechterunterschiede des Gewichts unter den Raufußhuhnarten der Alten Welt am größten. Hahn: regional verschieden 3700–4800 g, Henne: 1750–2000 g. Im Hahnengefieder überwiegen schwarze und dunkle Töne (Schwanz, Kopf, Brustpartie mit grünem Metallglanz), dunkelgrauer Hals und dunkelbraune Flügel. Das braune Tarngefieder der Henne ist mit hellen und dunklen Flecken- und Wellenmustern bunt, aber unauffällig.

Brutbiologie, Jahresablauf

Paarungszeit in Mitteleuropa, Südnorwegen, Mittelschweden in letzter April-Dekade, im Norden und im Gebirge je nach Schneeschmelze später. Nester gut versteckt, oft in der Heidelbeerstrauchschicht. Mittlere Eizahl zwischen 6,2 (Lappland) und 8,4 (Balkan), Thüringen 7,6; Eigewichte 52–56 g. Ein 8er-Gelege entspricht 1/4 bis 1/5 des Hennengewichts. Eine Jahresbrut, Nachgelege bei Verlust in der 1. Brutzeithälfte. Brutdauer 26 Tage. Schlupf der Erstgelege zwischen 5. und 17. Juni. 2 Brutpausen pro Tag (im Mittel 28 min), meist morgens und abends. Nahrungsaufnahme: 100–500 m vom Nest entfernt. Gerichtete Ortsbewegungen der Gesperre im Mittel 500 m /Tag, maximal > 1 km. In geeigneten Habitaten längeres Verweilen in rund 100 ha Gebiet. Hahnen-Gewicht Anfang Oktober fast 3000 g, Hennen 1800 g. Das Hudern der Küken erlischt mit dem 18. Tag. Auflösung der Gesperre Ende September, Bildung der wenig stabilen Wintergruppen Ende Oktober-November.

links: Das einen Tag alte Küken trägt noch den Eizahn an der Schnabelspitze.

rechts: Auerhuhnküken, wenige Tage alt, mit typischer Kopfzeichnung und befiederten kleinen Läufen. Thüringen.

Lebensraum, Nahrung

Ursprünglicher Bewohner alter, lichter, lückiger Nadelwälder (Taiga) mit Verjüngungsinseln, Totholz und reicher Strauchschicht, besonders Heidelbeere als Deckung und Nahrung. Im Winter Nadeln der Waldkiefer, Latsche (Bergföhre), Tanne und Fichte als Hauptnahrung. Bewegungsweisen, Revierverhalten, Nahrungsansprüche und Fortpflanzung an lichte Wälder angepasst: Urwälder in der Zerfallsphase, Kampfwaldzone im Gebirge, Ränder von Mooren. Küken benötigen im 1. Monat Insekten.

In Mitteleuropa meist sekundäre Lebensräume. Nacheiszeitlich arme Böden sind förderlich, reiche Böden und Stickstoffeintrag ungünstig.

Siedlungsdichte, Ortsbewegung

Große Schwankungsbreite je nach Gebiet und Jahr. In optimalen Zeiten in Thüringen (1971–75) 3 Ind./ 100 ha, SE-Norwegen: 6,6 (1953–62), gesunken auf 2,7 (1967–1976), Finnland 8–11 (1965), gesunken auf 3–4 (1990–2010); Komi-Gebiet Ural 0,7–20 (1952–57).

Auerhühner sind sesshaft, feste Ortsbindung adulter Hähne (ab 3 Jahre), Junghähne wandern bei der Balzplatzsuche maximal 15 km. Beringte Weibchen in Finnland wanderten maximal 6–24 km. Die Mehrzahl markierter Auerhühner blieb im Nahbereich (bis 4 km) des Markierungsortes. Hennen sind mobiler als Hähne.

Bedrohung, Schutz

Hauptursachen von Rückgang und Aussterben weitgehend geklärt: Fragmentierung und Verlust des Lebensraums bezüglich Fläche und Qualität, Eutrophierung durch steigende Stickstoffeinträge, Zunahme an touristischen Störungen, überhöhte Huftierbestände (Verbiss der Heidelbeere u. a. Bodenpflanzen), Rückgang des Bruterfolgs durch Zunahme von Wildschwein, Fuchs, Waschbär, Marderhund, Marderarten, Zunahme von touristischen Störungen, Lärm, Straßen-, Luftverkehr, Forstmaschinen, Klimaänderungen.

links: Mit acht bis zehn Tagen erreichen die Spitzen der kleinen Flügel fast das Körperende.

rechts: Die Auerhenne hudert ihre Küken bis in die dritte Woche nach dem Schlüpfen.

Steinauerhuhn

Waldgärtner in der Lärchentaiga

Als naher Verwandter des Auerhuhns besiedelt das Steinauerhuhn am Baikal beginnend den Osten und Fernen Osten Nordasiens und bewohnt dort vor allem lichte Lärchenwälder. Keine andere Vogelart ist in ihrer Evolution so eng mit der Lärchentaiga verbunden wie das Steinauerhuhn. Lärchentriebe bilden im Hauptteil des Verbreitungsgebiets die alleinige Winternahrung. Die schweren Hähne schaffen es im schneereichen Winter nicht, in den Wipfeln der Lärchen Knospen und Kurztriebe zu fressen, wie es die Hennen tun. Sie spezialisieren sich daher auf Gruppen junger Bäume, die sie allwinterlich verbeißen und niedrig halten. So entstehen die „Auerhuhngärten“: Flächen mit dicht verzweigten, bonsaiartigen Krüppelbäumen, eigentümliche Lebensräume, von den Hähnen gestaltet. Durch besonders dichtes Gefieder, Nächtigen in Schneehöhlen und Fettpolster überstehen die Vögel die extreme Winterkälte, oft unter minus 50 °C. Der pausenlos vorgetragene, kastagnettenartig klappernde Balzgesang der im Mai auf Arenen versammelten Steinauerhähne ist bei ruhigem Wetter bis zu zwei Kilometer weit zu hören.

◀ Intensive Werbung: Der Hahn umkreist die Hennen in voller Imponierhaltung. Mit abgespreizten Schwingen signalisiert eine der Hennen ihre Paarungsbereitschaft. Kolyma-Bergland.

Kolyma-Bergland – an den Berghängen sind die Lärchenwälder Bränden zum Opfer gefallen. In der Folge nahm der Steinauerhuhnbestand stark ab.

Lebensraum des Steinauerhuhns im fernöstlichen Kolyma-Bergland: An die Aue des Flusses Kilgana schließen sich Lärchenwälder auf den Flussterrassen und an den Hängen an. Die Hügel über der Baumgrenze tragen Gebüsche von Zwergzirbelkiefern.

Lärchentaiga im Omtschik-Tal – hier finden sich Balz- und Brutplätze. Kolyma-Bergland, Nordost-Sibirien.

Kastagnettenklappern im Lärchenwald

Magadan – zur Stalinzeit ein Zentrum des Gulag – liegt hinter uns. Ein Kleinbus des Akademie-Instituts für Biologische Probleme des Nordens setzt uns Anfang Mai 1998 weit hinter der Stadt an der tief verschneiten Piste ab, die westwärts weiter über 2000 km nach Jakutsk führt. Sie wurde einst von Häftlingen erbaut. Unser Ziel: Freund Sasha Andreevs Blockhütte in der Lärchentaiga des Omtschik-Tals: Lebensraum von Bär, Elch, Wildren, Steinauerhuhn, Sperbereule, Bartkauz und anderen Taigabewohnern. Ein Tagesmarsch per Ski mit der gesamten Ausrüstung auf dem Rücken liegt vor uns. Aber es gibt Pausen, denn der Teekessel ist in der Taiga immer griffbereit. Skischuhe sind hier unbekannt. Man trägt in der Tauperiode im Mai hohe russische Gummistiefel, übergroß, damit die Stiefelspitze in die Klemmbindung der breiten Pappelholzski passt. Mit dieser Erfindung kann man nicht nur tiefen Tauschnee, sondern auch reißende Bäche mit Grundeis passieren, denn der Balzplatz der Steinauerhähne auf einer Flussterrasse liegt 3 km von der Hütte entfernt in der Aue des Flusses Omtschik. Im Lärchenwald des Balzplatzes empfangen uns Altschnee und Tauwasserpfützen. Die Beobachtungsverstecke müssen erhöht auf Hügeln mit einer dicken Reisigunterlage errichtet werden. Wir beziehen sie früh am Abend, dick eingemummelt im Daunenschlafsack, ehe die Hähne mit ihrer abendlichen Baumbalz beginnen. In der Dämmerung landet endlich der erste Hahn auf einem Lärchenwipfel, der sich unter seiner Last biegt, gut sichtbar gegen den roten Abendhimmel. Nach kurzem Sichern beginnt der Hahn mit seinem klappernden Gesang – oft 1–3 Stunden lang fast ohne Pause. In der Ferne singt eine Sperbereule – Musik der fernöstlichen Taiga. Bereits kurz nach 2 Uhr morgens, nach kurzer mitternächtlicher Unterbrechung, beginnt das Klappern erneut und dauert mit wenigen Pausen bis 7 oder 8 Uhr. Bei minus 8 Grad am frühen Morgen hängen Eisnadeln am schwarzen Schnabel des Hahns. Er hat am Boden einen fest gefrorenen Schneefleck als Zentrum seiner Balz ausgewählt und singt ununterbrochen. Zwei Hennen haben sich eingefunden und lassen sich umwerben. Sie sind nicht aggressiv gegeneinander, wie es bei Auerhennen üblich ist. Erst am nächsten Morgen erfolgt die Paarung. Beim Rückweg zur Hütte liegen wieder 3 km Skitour vor uns, Zwergstrauchdickichte und die Flussquerung. Die Schneefelder in der Aue werden täglich schmaler, aber noch ist die Strecke skitauglich. Eine frische Bärenspur kreuzt den Weg. Der Bär wird aber erst nach unserem Abzug die verlassene Hütte nach Fressbarem untersuchen. Sasha zeigt gern seine Teebüchse mit Löchern, die die Eckzähne des Besuchers hineingestanzt haben.

Hütte im Zentrum der Steinauerhuhn-Studiengebiets Alexander Andreevs am Fluss Omtschik.

Durch ständigen Verbiss bildet die Lärche dichte Verzweigungen, die von den Hähnen bevorzugt abgebissen werden.

Der Hahn formt den Wald

In der Nähe des Balzplatzes fallen uns dichtbuschige Junglärchen am moorigen Rand des Lärchenwaldes auf. Ihre Entstehung hat früher zu wilden Hypothesen unter russischen Forstleuten und Botanikern geführt. Am Boden sind die oft nur kniehohen Bäumchen durch vielfach wiederholtes Stutzen aller Kurztriebe zu „Bonsaiformen“ verkümmert. Das alljährliche Verbeißen durch die Hähne führt bei der sich sehr stark regenerierenden Lärche zu intensiver Verzweigung: Immer wieder bilden sich neue Kurztriebe. Durch diese Form der „Gärtnerei“ vervielfacht sich das Nahrungsangebot pro Baum und Fläche. Die Vögel können effektiv fressen und sind nicht genötigt, weit zu fliegen. Zugleich ergibt sich eine Aufteilung der winterlichen Nahrungsvorräte zwischen Hähnen und Hennen: Während die größeren, schwereren Hähne meist am Boden der Nahrungssuche nachgehen und die Krüppelformen an den jungen Bäumen erzeugen, bevorzugen die leichteren Hennen die Baumkronen. Auch hier kommt es zu deutlichem Verbiss und zu vielen Verzweigungen. Im Extremfall wird eine normale Kronenbildung verhindert.

„Auerhahngärten“ in Form dicht gewachsener Junglärchen finden sich meist an moorigen Rändern der Bach- und Flussauen auf Dauerfrostböden. Omtschik-Tal.

Da die Steinauerhühner die Ränder von Mooren und die Auen kleinerer Wasserläufe bevorzugen, verzögert der fortwährende Verbiss die Bewaldung der Auen um Jahrzehnte. Die Vögel „gestalten" so in bestimmten Gebieten auf ihre Weise das Bild der nordost-sibirischen Waldlandschaft, ein Phänomen, das sogar vom Flugzeug aus zu sehen ist. Dabei optimieren sie durch die „Gärtnertätigkeit" ihren Lebensraum zu ihrem eigenen Vorteil. Wir wissen heute, dass auch andere Pflanzenfresser, z. B. Bison, Wisent und Rothirsch, durch wiederholtes Beschädigen von Randbäumen Lichtungen und somit ihre Weideflächen vergrößern und verbessern. Im Gegensatz zu unserem heimischen Auerhuhn verfügt also die ostsibirische Schwesternart über diese Fähigkeit, die jeden überrascht, der einmal diese Landschafts- und Waldbilder sah. Interessanterweise ist nicht Waldzerstörung das Resultat dieser Fraßtätigkeit: Nach jahrzehntelangem Krüppelwuchs gelingt es dem Wipfeltrieb des Baumes endlich doch, den scharfen Schnabelkanten des Steinauerhahns zu entwachsen. Er treibt in die Höhe und entwickelt sich zu einer normal gestalteten Lärche. Nur ein dichter Busch aus verbissenen dürren Zweigen am Stammfuß erinnert noch an die frühere Tätigkeit des raufüßigen „Waldgärtners". Das jahrzehntelange Verbeißen hinterlässt seine Spuren auch im Holz: Betrachtet man die Jahresringe einer solchen Lärche, so fällt ihre besonders feine Abfolge auf – nur mit der Lupe lassen sich die winzigen Zuwachsringe erkennen. Eine nur 7 cm dicke Lärche war 60 Jahre alt!

„Auerhahngärten" als Anpassung an extrem harte Winter

Die „Auerhahngärten" sind allerdings nur in den nördlichen und nordöstlichen Teilen des Steinauerhuhnareals zu finden, nämlich dort, wo extrem harte Winterbedingungen herrschen und Moor- und Permafrostböden mit geringer Produktivität ein sehr langsames Wachstum der Lärchen bewirken. In den südlicher gelegenen Arealteilen, z. B. in der Amurregion, fanden wir solche Strukturen nicht. Eine mögliche Erklärung liegt darin, dass Steinauerhähne in der sehr weiträumigen, lückigen Lärchentaiga des Nordens im Hochwinter energetische Probleme haben, wenn sie bei extrem niedrigen Temperaturen auf der Suche nach geeigneten Junglärchen zu weite Entfernungen zurücklegen müssen. In ganz Nordostsibirien nehmen nämlich die dichtwüchsigen jungen Lärchenbestände nur wenige Prozent der Waldfläche ein. Der größte Teil der Lärchentaiga zeichnet sich durch weite Baumabstände aus.

Querschnitt durch eine vom Steinauerhahn bearbeitete, 60 Jahre alte Lärche; nur 3,5 m hoch bei 7 cm Stammdurchmesser. Sie wurde 20 Jahre lang verbissen, bis sie mit 36 Jahren zu normalem Wachstum gelangte.

In den meist nach Bränden relativ gleichaltrig aufgewachsenen Lärchenurwäldern des Omtschik-Tals bei Magadan fiel uns auf, dass die als Winternahrung bevorzugten Junglärchen meist nur in geringer Zahl in Lücken und auf kleinen Blößen vorhanden waren. Sie stellten eine Mangelware dar, wenn nicht durch die „Gärtnerei“ der Hähne eine Konzentration und Mehrung dieser Nahrungsressourcen bewirkt würde.

Gelegentlich werden solche „Gärten“ außerordentlich dicht. Die großen Hähne bewegen sich dort gut gedeckt in engen Gängen zwischen den gestutzten Krüppellärchen. Mehrere Hähne, die sich im Winter in kleinen Gruppen zusammenfinden, können sich in solchen Bonsaiplantagen über längere Zeit ernähren, ohne energiezehrende Ortswechsel auf sich nehmen zu müssen. Bei einer mittleren Januartemperatur von −50 °C im Kolyma-Bergland ist es in den dichten Gebüschen auch wärmer als in der offenen Taiga. Wenige Grade Unterschied spielen dabei durchaus eine Rolle bei Vögeln, deren Energiebalance sich über Monate an der Grenze der Belastbarkeit bewegt. Die „Gärten“ besitzen traditionelle Bedeutung und werden von den Vögeln oft über Jahrzehnte genutzt. Nur dadurch bleibt ihre für den großen Vogel geeignete Form erhalten.

Hier hat ein Steinauerhahn eine einzelne Junglärche verbissen. Die durch pelziges Gefieder stark vergrößerte Fußfläche verringert die Einsinktiefe im Schnee.

Habitatgestaltung als Strategie

Das Steinauerhuhn als größter Vertreter pflanzenfressender Vögel der nordostsibirischen Taiga liefert ein eindrucksvolles Beispiel für Wechselwirkungen von Organismen im Lebensraum Wald. Steinauerhühner bilden Wintergruppen, und in großen Balzarealen können sich Dutzende Vögel mehrere Wochen lang zusammenscharen. Dies erhöht ihren lokalen Einfluss auf die Vegetation. Es ist daher nicht übertrieben, das Steinauerhuhn als einen der gestaltenden Faktoren in der Waldlandschaft Nordost-Sibiriens zu betrachten. Dies ist jedoch nur eines der Mittel, die die Steinauerhühner entwickelt haben, um in dem strengen kontinentalen Winter Nordost-Sibiriens zu überleben.

Überleben im Winter

Weitere Besonderheiten in Körperbau und Verhalten sind das Geheimnis. Neben dem ungemein dichten Körpergefieder fällt der Besatz von Lauf und Zehen mit langfaserigen daunigen Federn ins Auge, die auch die Fuß-

Durch scharfe Schnabelkanten und den Keil im Schnabelinneren werden die gefrorenen Kurztriebe der Lärche zerkleinert.

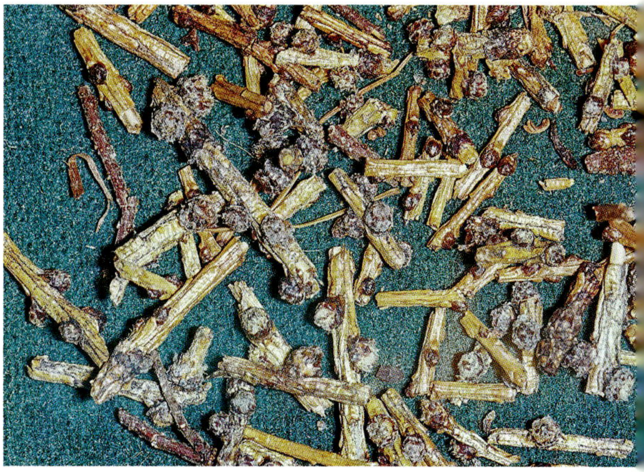

Abgebissene Lärchentriebe bilden von Dezember bis April die ausschließliche Nahrung des Steinauerhuhns.

sohle umhüllen. Die Zehenstifte sind doppelt so lang wie beim Auerhuhn. Im Vergleich zu unserem Auerhuhn halbieren sie mit der dicken Fußbefiederung die Druckbelastung der Fußfläche, und so sinken sie weniger tief im Schnee ein. Schließlich mildert das Nächtigen in Schneehöhlen die Energieverluste enorm. Bei Schneemangel suchen die Steinauerhühner gern Schlafäste über Fließgewässern auf. Offenbar können sie geringe Temperaturunterschiede messen und ihr Nächtigungsverhalten darauf einstellen. Trotzdem verlieren sie im langen sibirischen Winter an Gewicht, da sie die im Herbst angelegten Fettreserven abbauen. Fett zu speichern ist ebenfalls eine Anpassung, über

Steinauerhahn auf dem Schlafast. Über Fließgewässern bieten solche Äste geringere Wärmeverluste, d.h. energetische Vorteile im strengen subarktischen Winter. Kolyma-Bergland.

Mitte Mai kann die Lärchentaiga im Kolyma-Bergland noch tief verschneit sein, wenn der Steinauerhahn auf der Arena seine Balz beginnt.

Steinauerhahn in voller Werbepose mit paarungsbereiten Hennen. Transbaikalien.

die Auerhühner nicht verfügen. Als besondere Anpassung an die Lärchenzweignahrung stellt sich der Schnabelquerschnitt dar: ein Biss des scharfkantigen Schnabels mit seinem keilförmigen inneren Kamm liefert zwei bis drei Bruchstücke, die in den Kropf gelangen und dort aufgetaut werden.

Die weiblichen Steinauerhühner, die sich an der „Gartenarbeit" nicht beteiligen, fressen zweimal täglich, bei Sonnenaufgang am frühen Morgen und erneut gegen Abend. Die meiste Zeit bleiben sie in ihren Schneehöhlen am Boden verborgen. Manche jungen Männchen folgen diesem Aktivitätsmuster. Dagegen beginnen die übrigen Hähne ihren Tag mit einer kurzen Nahrungsaufnahme im Baum, danach fressen sie für mehrere Stunden in den „Gärten".

Männliche Steinauerhühner benötigen pro Tag etwa 500 g frische Lärchenzweige, weibliche nur 300 g. Beide schneiden etwa 4.000 bis 6.000 Zweigstücke ab, die sie bei der Verdauung mit einer Effektivität von etwa 30 % ausnutzen. Abends hat sich der größte Teil der aufgenommenen Nahrung im dehnbaren Kropf gesammelt, aus dem sie im Laufe der Nacht allmählich in den Verdauungstrakt abgegeben wird. Dieser „Brennholzvorrat" zur Deckung des Energiebedarfs reicht aus, doch bevor er genutzt werden kann, müssen fast 15 % der verfügbaren Energie investiert werden, um die aufgenommene Nahrung von minus 45 bis minus 50 °C auf plus 40 °C zu erwärmen. Nun können die Vögel viele Stunden satt im Schutz der Schneehöhlen in ihrem eisigen Lebensraum überdauern.

Balz des Steinauerhahns

Bis zur Mitte des vorigen Jahrhunderts glaubte man trotz zahlreicher Reisen berühmter Naturforscher in Ostsibirien, dass alle Auerhühner zu ein- und derselben Art gehören. Erst 1851 beschrieb Alexander von Middendorff mehrere auffallende Unterschiede und erhob das Steinauerhuhn in den Rang der selbstständigen Art *Tetrao urogalloides*. Fünf Jahre später belegte Charles Lucien Jules Laurent Bonaparte diese Art mit dem im Westen besser bekannten Synonym *Tetrao parvirostris* („Kleinschnabel-Auerhuhn").

In der Tat ist das Steinauerhuhn zwar etwas kleiner als das Auerhuhn, es ist aber noch immer ein imposanter Vogel. Im Vergleich zu seinem westlichen Verwandten verleihen die weißen Fleckenmuster dem Hahn ein

Baumbalz vor rotem Abendhimmel. Gern nutzen die Hähne den Wipfeltrieb einer Lärche als Singwarte für ihren kastagnettenartigen Klappergesang. Omtschik-Tal.

Der einjährige Jüngling beobachtet in Schlichthaltung am Rande der Arena das Treiben der älteren Revierbesitzer. Kommt er zu nahe oder nimmt er die Imponierhaltung ein, wird er vehement vertrieben. Omtschik-Tal.

besonders dekoratives Äußeres. Der Schwanz ist relativ lang und durch die verlängerten mittleren Steuerfedern eher zugespitzt keilförmig als rund geformt. Adulte Männchen wiegen 3 bis 3,5 kg, Weibchen sind mit 1,5 bis 1,8 kg nur halb so schwer. Wie der englische Name „Black-billed Capercaillie" umschreibt, tritt bei der sibirischen Art ein kleinerer schwarzer Schnabel an die Stelle des großen hellen beim Auerhahn.

Die beiden Auerhuhnarten stimmen im Revierverhalten bei Baum- und Bodenbalz weitgehend überein: Nach oben gestreckter Kopf und Hals, senkrecht gehobener und zum Fächer gespreizter Schwanz und nach unten gesenkte Flügel sind typisch. Beim imponierenden Hahn befinden sich Schwanzende und Kopf in gleicher Höhe. Der Steinauerhahn zeichnet sich jedoch durch folgende Besonderheiten aus: Der Kopfumriss wird durch Sträuben der Federn kantig vergrößert. Die Steuerfedern bilden einen dachartig gewinkelten Schwanzfächer. Der Schnabel ist während der Gesangsstrophe weit offen, sodass der hellrosafarbene Innenschnabel zusammen mit den leuchtend roten „Rosen" und dem dunklen Gefieder ein charak-

Bei diesem Hahn in voller Pose kommen die weißen Signalflecken auf schwarzem Grund, die scharlachroten Rosen, der gesträubte Kehlbart und die grün schillernde geblähte Brust stark zur Geltung. Transbaikalien.

Zwei alte Steinauerhähne auf einem Balzplatz im Norden der Mongolei beim Revierstreit, der dem des Auerhahns ähnelt. Auch hier kann es zu Verletzungen kommen.

Dominanter Steinauerhahn in der Nord-Mongolei. Aufgrund milderen Klimas ist die Fuß- und Zehenbefiederung viel geringer ausgeprägt als im Hohen Norden.

teristisch buntes Färbungsmuster ergibt. Die Kropfpartie ist stark gebläht. Anders als beim Auerhahn tritt das weiße Fleckenmuster der Schwanzdecken stark hervor. Die Schwanzfedern selbst sind schwarz.

Die typische Gesangshaltung wird hauptsächlich im Revierzentrum eingenommen. Junghähne zeigen in Gegenwart singender Althähne eine „neutrale" Haltung – also einen gesenkten geschlossenen Schwanz. Versuche, den Stoß zu heben und zu fächern, lösen Angriffe durch den Revierbesitzer aus, der die Jungen sogar fliegend vertreibt.

Das Verhalten des Steinauerhahns auf dem Balzplatz enthält, wie beim Auerhahn, Komponenten von Werbung und Revieranspruch. Während die einen dem Anlocken der Hennen dienen und Voraussetzungen für Partnerwahl und Kopulation darstellen, führen die anderen zur Ausbildung einer Rangordnung unter den konkurrierenden Hähnen und damit zu einer hierarchischen Organisation. Attacken und ritualisierte Kämpfe an den Reviergrenzen ebenso wie demonstratives Drohen bestimmen die aggressiven Auseinandersetzungen unter den Hähnen. Meist begattet der dominante Hahn alle Hennen. Gesang, Imponierhaltung und Flattersprünge richten sich sowohl an Hennen wie an Rivalen. Während der Hauptbalzzeit sind echte Kämpfe selten und ritualisiertes Drohen überwiegt. Trotzdem gibt es auch Verletzungen: Wir fanden ausgerissene Federn und Blutspuren als Zeichen heftiger Zusammenstöße.

Intensive Werbung eines alten Steinauerhahns – eine Henne fordert zur Paarung auf. Kolyma-Bergland.

Die Steinauerhenne ähnelt einer übergroßen Birkhenne. Die rotbraune Brustfärbung unserer Auerhenne fehlt ihr. Mongolei.

Kurz vor der Paarung unterbricht der Steinauerhahn seinen Reviergesang. Die Hennen fordern mit Niederhocken und abgespreizten Flügeln zur Paarung auf. Der Hahn stützt sich beim Aufsteigen von hinten mit den Flügeln ab.

Federn des Steinauerhahns: 1 Handschwinge, 2 Armschwinge, 3 Schulterfeder, 4 Oberarmdecke, 5 mittlere Steuerfeder, 6 Unterschwanzdecke, 7 Flankenfeder, 8 Halsfeder hinten, 9 Oberschwanzdecke, 10 Brustfeder, 11 Kehlfeder, 12 Hals-Brustbereich „Schild". Original, Farbstiftzeichnung F. Müller.

Federn der Steinauerhenne mit Ei und Küken: 1 Handschwinge, 2 Armschwinge, 3 Schulterfeder, 4 Oberschwanzdecke, 5 mittlere Steuerfeder, 6 Oberarmdecke, 7 Unterschwanzdecke, 8 Flankenfeder, 9 Rückenfeder, 10 Brustfeder, 11 Halsfeder vorn, 12 Kehlfeder, 13 Ei, 14 Küken. Original, Farbstiftzeichnung F. Müller.

Fakten Steinauerhuhn *Tetrao urogalloides* A. v. Middendorff, synonym *T. parvirostris* C. L. Bonaparte

Areal

Das Areal reicht vom Baikalsee und der Mongolei bis zur Ostküste Eurasiens in Russland und China. Auch Kamtschatka und Teile Sachalins sind besiedelt. In der Arealüberlappungszone östlich des Baikalsees wurde Hybridisierung mit dem Auerhuhn beschrieben.
Verbreitungskarten: Klaus et al. (1989), Andreev (2002).

Kennzeichen

Kleiner als Auerhuhn mit ebenfalls stark ausgeprägtem Geschlechterunterschied. Die überwiegend schwarzen Hähne mit kontrastreichem weißem Fleckenmuster auf Ober- und Unterschwanzdecken und Flügeln wiegen im Mittel 3500 g (maximal 4400 g), die braunen, birkhennenähnlichen Hennen 1850 g. Ihnen fehlt der rostbraune Brustfleck, der Auerhennen ziert.

Balzhabitat, Lautäußerungen

Arenabalz in lockeren, alten Lärchenbeständen, oft auf Flussterrassen. Abstände zwischen singenden Hähnen 100–200 m, Abstände der Balzplätze 2–10 km je nach Siedlungsdichte. Hahnenreviere am Balzplatz sind mit ca. 4 ha kleiner als beim Auerhahn. 1–30 Männchen pro Arena, Dauer der Balz von Mitte April bis Anfang Juni. Bis zu 20 Weibchen pro Balzplatz. Maximale Gesangsdauer eines dominanten Männchens um den 20. Mai: 9 Stunden/Tag, davon 6 Stunden morgens, 3 Stunden abends. Der pausenlos vorgetragene klappernde Reviergesang ist 1–2 km weit zu hören. Revierkämpfe sind ähnlich wie beim Auerhahn. Herbstbalz findet auf den traditionellen Plätzen statt. Eine „Fortpflanzungsgemeinschaft" im Umfeld eines Balzplatzes kann bis zu 25 km^2 Taiga nutzen.

Steinauerhenne auf dem Nest im typischen Lebensraum aus lockerem Altlärchenwald mit dichter Zwergstrauchvegetation aus Zwergbirken und Rauschbeersträuchern. Kolyma.

Das Gelege besteht aus fünf bis neun Eiern, hier ein Neunergelege.

Brutbiologie

Hennen erscheinen am Balzplatz zwischen 6. und 18. Mai und verweilen 7–9 Tage. Nach der Paarung (12.–22. Mai im Kolyma-Bergland) ziehen sie ins Nistgebiet 2–7 km entfernt. Bodennester sind gut getarnt. 5–7 Tage nach der Paarung wird das 1. Ei gelegt, Gelegegröße im Mittel 5,6 Eier. 1–3 Brutpausen pro Tag. Nestverluste durch Beutegreifer: 35 % (Braunbär, Zobel, Fuchs). Schlupf in zwei Schüben (15.–25.6.) sowie Nachgelege (25.6.–2.7.). Brutdauer 25 Tage. Auflösung der Gesperre Ende September bis Anfang Oktober mit erstem Schneefall. Althennen führen 13–14 Wochen.

Lebensraum, Nahrung

Im September Nahrungssuche in Mooren mit Rauschbeere und Moosbeere, auch an steinigen Hängen der Vorberge mit Zwergzirbelkiefer, im Oktober bis Dezember in flussbegleitenden Lärchen-Beständen mit Strauchrose (Hagebutten). Dort bilden sie Gruppen von Weibchen und Jungmännchen. Die Vögel legen Fettdepots an. Sie sind ortstreu und wechseln nur zu beliebten Nahrungsressourcen. Im Winter bis Frühjahr nutzen sie Lärchenwälder im Bergvorland, am Rand breiter Täler, mit Mosaik von Mooren und Lärchen verschiedenen Alters, mit Zwergbirken und Rauschbeeren als Unterwuchs. Sonnige Moorränder, Jungwald, der nach Bränden aufwuchs, und Flussufer werden von Weibchen mit Küken bevorzugt.

Siedlungsdichte, Ortsbewegung

Reviergröße der Männchen ca. 100 ha. Höchste Abundanz: Region Chita in Transbaikalien und am Oberlauf des Amur mit 10 Vögeln pro km^2. Siedlungsdichte in Jakutien und Nordost-Asien geringer mit nur 0,1–0,2 Individuen pro km^2. Die mittlere Lebensdauer aktiver Hähne lag bei 4,6 Jahren.

Bedrohung, Schutz

Eine kommerzielle Jagd gibt es nicht, dennoch werden Männchen meist im Winter bejagt, wenn sie sich mittags auf Lärchenästen sonnen. Dort werden sie von Fallenstellern mit ihren nicht zum Feindbild der Hühner gehörenden Schneemobilen leicht erlegt. Verluste durch Fressfeinde wie Zobel, Fuchs, Bartkauz, Habicht und Steinadler sind gering und betreffen meist Jungtiere oder Weibchen.

links: Schlupf – die ersten Küken sind schon trocken. Wenn alle Küken geschlüpft sind, verlässt die Mutterfamilie das Nest.

rechts: Führende Steinauerhenne im hohen Rauschbeerkraut mit Sumpfporst. Gestört durch den Fotografen nimmt sie Alarmhaltung ein. Kolyma.

Birkhuhn

Ein Hühnervogel an der Waldgrenze

Das Birkhuhn ist in weiten Teilen der Alten Welt in zahlreichen Unterarten verbreitet. Es bewohnt sowohl den Bereich der oberen Waldgrenze im Gebirge als auch offene Waldgebiete der Ebene. Die mitteleuropäischen Randpopulationen sind aber teilweise hochgradig gefährdet oder bereits ausgestorben. Von den einheimischen Arten der Raufußhühner besiedelt das Birkhuhn die frühesten Stadien der Waldentwicklung, wie sie durch Brände, Windwürfe, Lawinenabgänge oder andere katastrophenartige Ereignisse im Naturwald immer wieder neu entstehen. Auch die natürlichen Kampfzonen des Waldes an der oberen Baumgrenze im Gebirge, am Rande offener Moore und an der nördlichen Waldgrenze bieten dem Birkhuhn Lebensraum. Seine im Vergleich zu Hasel- und Auerhuhn höhere Mobilität ermöglicht es dem Birkhuhn, beim Fortschreiten der Waldentwicklung nicht mehr geeignete Lebensräume zu verlassen und neue Gebiete zu erschließen, wo es unter günstigen ökologischen Bedingungen hohe Siedlungsdichten aufzubauen vermag. Im Frühling versammeln sich die Hähne auf Gemeinschaftsbalzplätzen, wo sie mit weittragendem Gesang und Kampfverhalten kleine Territorien markieren und verteidigen. Die Hennen wählen für die Paarung die stärksten Hähne aus, sind aber dann für die Brut und die Aufzucht der Jungen ganz auf sich allein gestellt. Daher ist bei dieser Art auch der äußerliche Geschlechterunterschied stark ausgeprägt: Hahn groß und auffallend gefärbt, Henne klein und getarnt.

▶ Beim balzenden Birkhahn kommen alle optischen Signale – die roten Rosen und die schwarz-weißen Gefiedermerkmale – zu voller Wirkung. Hamra.

▶ Birkhenne auf einem Torfmoos-Rosmarinheide-Hügel im schwedischen Björkberg-Moor.

Hochmoorlebensraum des Birkhuhns im Nationalpark Hamra. In solch urwüchsiger Landschaft bedarf es keiner Pflegeeingriffe durch den Menschen.

Ein Balzmorgen im Aletschgebiet

Wir haben die kleine Berghütte am Grat hoch über dem Großen Aletschgletscher bereits gegen drei Uhr verlassen und uns zum Zählen der Hähne in der Deckung alter Arven über dem Schneehang verteilt. Es ist noch fast völlig dunkel, als sich der erste Birkhahn mit einem scharfen Zischen vernehmen lässt. Wenige Minuten später folgt das erste Kullern, ein dumpfes, schwer lokalisierbares Gurgeln. Gleichzeitiges Kullern und Zischen zeigen an, dass mindestens ein weiterer Hahn auf dem Balzplatz eingetroffen ist. Trotz der noch schwachen Dämmerung sehen wir, wie einzelne Hähne zu Fuß von unten her auf den Balzplatz kommen; andere erreichen ihn fliegend, wie ihre Flug- und Landegeräusche verraten. Es dauert noch eine ganze Weile, bis man die balzenden Hähne gut beobachten kann. Beim Zischen recken die Hähne ihren Hals hoch auf. Sie machen sich schlank und lassen beim „Flaggen" das Weiß ihrer Unterflügel kurz aufblitzen, beim Kullern strecken sie den Kopf waagrecht nach vorn und blähen den Hals und die Kropfgegend stark auf. Gelegentlich springen sie bis zu einem Meter hoch auf; auch mit solchen Flattersprüngen markieren sie ihr kleines Revier auf dem Balzplatz. Die Revierverteilung auf der Arena ist großräumig betrachtet zwar recht stabil. Aber es kommt immer wieder zwischen benachbarten Hähnen zu Schein-

Vom Grat über dem Großen Aletschgletscher geht der Blick über den größten Birkhuhnbalzplatz des Gebiets zum Matterhorn und zum Weißhorn (rechts).

kämpfen, die die Grenzen verändern können. Die Rivalen stehen sich gegenüber, drohen und picken gegeneinander und hin und wieder kommt es zu ernsten Kämpfen, bei denen die Kontrahenten in die Luft springen oder auffliegen können. Sie verbeißen sich im Kehlgefieder des Gegners, strecken ihre scharfen Krallen gegeneinander aus und schlagen mit den Flügeln. Zahlreiche kleine schwarzgraue Federn des Körpergefieders auf dem Balzplatz und Verletzungen an Kopf und Hals zeugen später von den morgendlichen Kämpfen. Inzwischen ist es hell geworden, und die Morgensonne erreicht den Hang. Die Hähne legen zwischen den Balzstrophen Pausen ein, picken Schnee oder ruhen kurz und plötzlich, wie auf ein Kommando, fliegt der erste Hahn ab. Die anderen Hähne der Balzgemeinschaft folgen ihm und verschwinden in der Deckung des Lärchen-Arvenwaldes. Beim Rückweg zur Hütte leuchten Matter- und Weißhorn in strahlendem Weiß – ein unvergesslicher Morgen im Aletschgebiet.

Die alte Berghütte war Ausgangspunkt für Birkhuhnforschung und die jährliche Bestandsermittlung am Balzplatz, hier nach der Birkhuhnzählung vom 15. und 16. Mai 1990. Aletschgebiet, Schweiz.

Im Kampf springen die Birkhähne oft in die Luft, anders als kämpfende Auer- oder Kaukasusbirkhähne. Aletschgebiet.

Beim Zischen mit Flügelhissen blitzen die weißen Unterflügel auf. Hamra.

Beim Revierkampf werden Flügel, Krallen und Schnäbel wirksam eingesetzt. Hamra.

Die meisten Revierkonflikte beschränken sich auf Drohen und paarweises Hin- und Herlaufen an der Territoriumsgrenze. Hamra.

Der kullernde Hahn bläht die Luftsäcke der Halsregion auf, die Schwingen sind leicht abwärts gespreizt und der leierförmige Schwanz mit dem weißen Unterschwanz wird angehoben. Hamra.

Wenn der erste Hahn vom Balzplatz abfliegt, folgt meist die ganze Balzgemeinschaft nach. Nicht selten kehren Einzelne oder die Gruppe wieder zurück. Aletschgebiet.

Im April, wenn die morgendliche Balz im Hochgebirge allmählich intensiver zu werden beginnt, kann es schon dämmerig sein, wenn die Hähne auf der Arena erscheinen. Je weiter der Frühling fortschreitet, desto früher erscheinen sie auf dem Platz, und zwar nicht nur entsprechend dem früheren Tagesbeginn, sondern Tag für Tag ein paar Minuten früher. Der Aktivitätsbeginn verschiebt sich mehr in die Dunkelheit hinein, bis die Hähne schließlich im letzten Mai-Drittel schon kurz vor halb fünf Uhr erscheinen können,

Wenn der Morgen fortgeschritten ist, nehmen Ruhepausen der Hähne zu. Hamra.

In den Balzpausen wird hastig im Schnee oder in der Vegetation gepickt. Hamra.

in mondhellen Nächten und wenn noch viel Schnee liegt, sogar deutlich früher, schon um drei Uhr mitteleuropäischer Sommerzeit, bei bedecktem Himmel aber auch mal erst gegen fünf Uhr. Diese Zeiten zu kennen, ist für die Bestandserfassung sehr wichtig: Schließlich sollen die Zähler rechtzeitig am Platz sein, aber auch nicht unnötig früh, denn es ist noch sehr kalt Ende Mai auf 2000 m ü. NN.

Die Hennen erscheinen am Balzplatz

Die starke Vorverlegung des morgendlichen Balzbeginns im Mai erweckt den Eindruck, jeder Hahn möchte vor den anderen am Platz sein. Der Zweck dieses Wettbewerbs ist klar: Es geht um die Hennen. Zu Beginn der Balzzeit scheinen sich die Weibchen noch nicht für die Männchen zu interessieren, aber mit der Zeit erscheinen sie morgens in der Nähe der Arenen, als unbeteiligte Zuschauerinnen. Manchmal machen sie durch gackernde Rufe auf sich aufmerksam, aber meist fressen sie unauffällig in den noch kahlen Lärchen oder in schneefrei gewordenen Zwergsträuchern. Ende Mai, im Aletschgebiet mit Höhepunkt um den 25. Mai, fliegen sie am Balzplatz ein. Die Hähne reagieren darauf mit langen Revierflügen über den Platz und intensivem Balzgesang. Auch Kämpfe nehmen zu. Nach der Literatur wählen die Hennen einen Hahn im Zentrum des Balzplatzes aus, um sich von ihm begatten zu lassen. Dieser führe fast alle Kopulationen aus, während die anderen Hähne in ihren randlichen Balzrevieren verbleiben. So könne die Paarung ungestört ablaufen.

Eine einzelne Henne ist gelandet. Ein Teil der Hähne verlässt vorübergehend die Reviere, um sich der Henne zu nähern. Mitte Mai, Zentralschweiz.

Am Rande des schwedischen Moores sind drei Hennen auf einer Kiefer gelandet, deren Wipfel deutliche Verbissspuren zeigt, die über viele Jahre entstanden sind.

Landen Hennen am Boden, so lösen sie lange Revierflüge der Hähne über die ganze Arena mit lautem Zischen aus.

Während der „Hennenwoche“ gegen Ende April findet sich eine täglich wechselnde Anzahl von Hennen ein. Die Zählung von Hennen auf dem Balzplatz ergibt daher keine realen Werte für die Population. Hamra.

In Hennengruppen beobachtet man oft aggressive Individuen, die besonders Junghennen vehement verjagen.

Gelegentlich singt ein Hahn in voller Sonne auf einem Wipfel. Hamra.

Die Paarung erfolgt unter heftigem Flügelflattern. Ende April, Hamra.

Zumindest bei weitgehend geschlossener Schneedecke lässt sich dieser schematische Ablauf so nicht bestätigen: Sobald eine Henne auf dem Balzplatz erscheint, verlassen die meisten Hähne ihre Reviere. Sie fliegen oder rennen auf die Henne zu und jagen sie oft über den ganzen Balzplatz. Dazwischen wird kurz und heftig gekämpft. Nur die am weitesten entfernten Hähne, meistens Jährlinge, bleiben an ihren Standorten. Sie sind revierlos. Erst wenn sich die Situation geklärt hat, bleibt die Henne bei einem der Hähne, der sie umkreist und mit Kullergesang und am Boden schleifenden Flügeln umwirbt. Es kann aber noch recht lange dauern, bis sich die Henne nach vielen Ausweichmanövern endlich duckt und den Hahn von hinten für die kurze Kopulation aufsteigen lässt. Anschließend schüttelt sich die Henne intensiv und verlässt die Arena.

Die Birkhähne balzen im Mai bis in den Vormittag hinein, wobei es immer wieder recht ruhige Phasen gibt, in denen sie einfach herumsitzen. Dann verlassen sie einzeln oder meistens gruppenweise im Flug den Balzplatz. Anschließend kann man sie oft noch in Bäumen fressen sehen, in den Alpen vor allem auf Arven, in Lärchen und seltener auf Fichten – Fichtennadeln gehören nicht zu ihrer Lieblingsnahrung. Gelegentlich beginnt ein Hahn mit der Sonnenbalz auf einem Baumwipfel.

Spuren im Neuschnee markieren die Aktivität der Hähne auf einer Arena im Aletschgebiet. Drei Akteure ruhen in der Sonne, Mitte Mai.

Zählung und Bestandsentwicklung in den Schweizer Alpen

Um die Birkhähne eines Gebiets zählen zu können, müssen die Balzplätze bekannt sein. An jedem sollten kundige Personen vor dem Eintreffen der ersten Hähne gut getarnt ihren Beobachtungsposten beziehen, um das Balzgeschehen nicht zu stören. Das kann im Gebirge stundenlangen Anmarsch bei völliger Dunkelheit bedeuten. Birkhähne zu zählen ist auf größeren Arenen gar nicht so einfach. Immer wieder sind einzelne Vögel hinter Bodenunebenheiten, hohen Zwergsträuchern oder kleinen Bäumen nicht oder nur schlecht sichtbar, sodass die Zahl der Hähne immer wieder überprüft werden muss.

Eine der längsten Zählreihen aus den Alpen wurde Anfang der Siebzigerjahre von Studenten der Universität Bern im Aletschwald begonnen. Das Gebiet steht seit 1933 unter Schutz, das Birkhuhn wird hier also nicht bejagt. Auf einer Fläche von etwa 5 km² wurden stark schwankende Zahlen festgestellt, mit Minima von 13 und Maxima von 39 Hähnen. Ein Trend war nicht festzustellen. Im Mittel über die 46 Jahre bis einschließlich 2015 waren es 25 Hähne, was eine Siedlungsdichte von knapp 5 Hähnen pro km² ergibt. Ähnliche Werte und im Wesentlichen konstante Bestände können auch in anderen Gebieten der Schweizer Alpen festgestellt werden. Ein Zählprogramm läuft hier seit Jahrzehnten auf etwa 80 Flächen, wobei nur einmal pro Frühling gezählt wird. Im Aletschgebiet werden die Zählungen in der Regel an 2–3 aufeinanderfolgenden Morgen durchgeführt, wobei sich die Ergebnisse meist von Tag zu Tag nur wenig unterscheiden.

Die revierlosen Jährlingshähne halten sich meist am Rande der Arena auf. Hamra.

Im Alpenraum ist der Birkhuhnbestand weitgehend stabil. In der Schweiz ist er seit den Aufnahmen zum Brutvogelatlas der Jahre 1993–1996 leicht angestiegen, vor allem in den höher gelegenen Teilen des Brutgebiets zwischen 1900 und 2500 m ü. NN. Darunter ist der Trend negativ.

Langfristige Kontrollen in verschiedenen Regionen der Schweizer Alpen belegen stellenweise ein Höhersteigen der Balzplätze. Sie scheinen der Waldgrenze zu folgen, die sich langsam nach oben verschiebt. Das geschieht nicht bloß klimabedingt, sondern auch, weil sie früher durch Übernutzung – Holzschlag und Waldweide – abgesenkt worden war. Wo oberhalb der bisherigen Baumgrenze allmählich Arven oder Fichten aufkommen, kann das Birkhuhn in Gebiete einwandern, die vorher Lebensraum des Alpenschneehuhns waren und wegen der Bäume von diesem aufgegeben wurden. Eine direkte Konkurrenz zwischen den beiden Arten besteht aber nicht.

Das Geschlechterverhältnis – die große Unbekannte

Alle bisherigen Angaben über Birkhuhnbestände in den Alpen beziehen sich auf die auffälligen und leicht zu zählenden Hähne. Da es keine Paarbindung gibt, kann der Bestand ohnehin nicht als Anzahl der Brutpaare angegeben werden, wie das sonst bei Vogelbeständen üblich ist. Aber wie viele Hennen gibt es und wie kann man das Geschlechterverhältnis ermitteln? Beim Birkhuhn erscheinen die Hennen oft nacheinander auf der Arena. Auf einem größeren Balzplatz können Ende Mai auch mal 2–3 Hennen gleichzeitig anwesend sein und dort sogar gelegentlich gegeneinander aggressiv werden. In Schweden sahen wir bis zu acht Hennen gleichzeitig auf der Arena. Tagsüber kann man mit etwas Glück beide Geschlechter beim Fressen beobachten, aber insgesamt kaum je annähernd so viele Weibchen wie Männchen. Daraus könnte man schließen, dass das Geschlechterverhältnis stark zugunsten der Hähne verschoben ist. Aber trifft das wirklich zu? Zwei Methoden können dazu Auskunft geben.

Übernachten in Schneehöhlen – genutzt für die Forschung

Wie andere Raufußhühner graben sich auch Birkhühner im Winter gern zum Ruhen ein, solange ausreichend Pulverschnee liegt. Gefressen wird am

Im Tiefland und im Norden bieten Birken die bevorzugte Winternahrung. Hamra.

frühen Morgen und am Abend. Sowohl für die Nacht als auch für die Mittagsruhe wird jeweils eine neue Schneehöhle angelegt. Das Eingraben ist nicht leicht zu beobachten. Offenbar sind die Hühner sehr vorsichtig und vermeiden es, in Anwesenheit von möglichen Feinden ihre Höhlen anzulegen. Wenn sie sich sicher fühlen, lassen sie sich vom Baum, auf dem sie am Schluss gefressen haben, fallen und landen im weichen Schnee, wo sie entweder noch ein paar Meter gehen oder gleich zu graben beginnen. Wie das unter dem Schnee vor sich geht, ist nur indirekt zu erschließen. Offenbar scharren sie mit den Füßen Schnee nach hinten und verschließen so den Eingang zur Höhle weitgehend. Kurze senkrechte Furchen an der Vorderwand der Höhle zeigen, dass auch der Schnabel eingesetzt wird. Am Schluss der Ruheperiode können die Hühner die Höhle direkt sowie kraft- und geräuschvoll auffliegend verlassen oder vorsichtig erst den Kopf hinausstrecken, sichern und langsam abmarschieren.

Die Berner Birkhuhnforscher haben sich dieses Verhalten zunutze gemacht und Birkhühner mit Handnetzen aus ihren Schneehöhlen herausgefangen. Das ist nicht ganz leicht: Erstens muss man die besetzten Höhlen finden – das sind jene, die nur einen Eingang, aber noch keinen Ausgang aufweisen. Zweitens sind die Hühner oft sehr schreckhaft und fliehen, wenn sie ein lautes Geräusch in ihrer Nähe hören, und drittens können die Tunnel vom Höhleneingang bis zur Ruhestelle unter dem Schnee 30 cm bis 3 m lang sein. Nicht immer liegt das Huhn also dort, wo man es vermutet und das Handnetz platziert. Trotzdem sind in den Wintern, in denen intensiv geforscht wurde, über 100 Birkhühner teilweise mehrfach gefangen und markiert worden.

Da die Fangchancen für Hähne und Hennen etwa gleich sind, liefern diese Daten Hinweise auf das reale Geschlechterverhältnis. Über sechs Winter war es im Aletschgebiet annähernd ausgewogen, typisch für einen unbejagten Bestand. Das entspricht auch dem Verhältnis beim Schlupf der Küken. Als zweite Methode lieferten in Skandinavien die Zählungen von Junghähnen und Junghennen in den Gesperren im Frühherbst ähnliche Resultate, die aber von Jahr zu Jahr und regional leicht schwanken können.

Winternahrung und Stress

Die Winternahrung des Birkhuhns ist im Überfluss vorhanden, selbst in den Alpen, wo der Schnee im Winter meterhoch liegen kann: Gefressen werden Knospen und Zweigenden von Lärchen, Nadeln von Arven und Latschenkiefern, oft auch Fichtennadeln, und an Felsrändern oder wo der Schnee abrutscht Triebe und Knospen von Heidelbeersträuchern, im Tiefland Birkenkätzchen. Nur: Der Nährstoffgehalt dieser Pflanzenteile ist sehr gering, der unverdauliche Rohfaseranteil hoch. Ein Teil der Nahrung kann in den paarigen Blinddärmen bakteriell aufgeschlossen und dadurch besser genutzt werden, aber im Winter ist der geringe Energiegehalt, im Frühling der geringe Eiweißgehalt kritisch, wenn die Hennen ihre Gelege produzieren müssen.

Experimente, in denen sendermarkierte Birkhühner an mehreren aufeinanderfolgenden Tagen aus ihren Schneehöhlen aufgescheucht wurden, zeigen, dass die Abbauprodukte der Stresshormone im Kot der betroffenen Vögel zunehmen. Störungen führen also zu Stress. Aber ist die Zunahme der Stresshormone eine normale Reaktion oder zeigt sie ein schwerwiegendes Problem an?

Im Aletschgebiet waren Fänge vom letzten Dezemberdrittel bis Ende März möglich, vorher und nachher lag nicht genügend Pulverschnee. Alle gefangenen Hühner wurden gewogen. Die Hähne konnten ihr Gewicht über den ganzen Winter halten, alte Hähne wogen im Mittel gut 1300 g, junge (also weniger als ein Jahr alte) Hähne 1160 g. Mehrjährige Hennen wogen im Mittel 960 g, solche im ersten Winter 860 g. Die Hennen verloren in den gut drei Wintermonaten insgesamt etwa 100 g, also sehr grob gemittelt 1 g pro Tag. Falls Störungen die Nahrungsaufnahme behindern oder Stress den Energiebedarf erhöht, müssten Hennen also eher in eine kritische Situation geraten als Hähne.

Der Wintersport ist für Birkhühner nicht nur wegen der Störungen ein Problem: Immer wieder kommen Birkhühner durch Kollisionen an Skiliftkabeln

Beerenstrauchreiche Bodenvegetation, hier Preiselbeere, bietet den Hennen Nahrung vor der Eiablage. Hamra.

ums Leben. Von Menschen gefunden werden die Opfer selten – Füchse sind in der Regel schneller und räumen auf.

Jagd und ihre Auswirkungen

In den bedrohten Birkhuhnbeständen der Moorgebiete und Mittelgebirge Mitteleuropas ist die Jagd auf das Birkhuhn längst verboten. In einigen Alpenländern, wo die Bestände noch gut sind, ist die Bejagung des Birkhahns erlaubt, die Hennen sind geschützt. In mehreren Schweizer Alpenkantonen wird die Birkhahnjagd im Herbst ausgeübt. Oft wird angenommen, die Jagd würde nur die Vögel abschöpfen, die den Winter ohnehin nicht überleben würden; sie hätte also keine Auswirkung auf den Bestand im folgenden Frühling. Doch das trifft nicht zu.

Im Kanton Tessin wurde der Jagddruck seit etwa 1980 schrittweise reduziert, einerseits durch die Verkürzung der Jagdzeit, andererseits durch die Reduktion der Anzahl Hähne, die von einem Jäger erlegt werden dürfen. Der Bestand und der Bruterfolg wurden im Spätsommer durch Jäger mit Vorstehhunden kontrolliert. Zu Beginn dieser Untersuchung betrug der Anteil der Hähne nur etwa 20 %. Im Verlauf der letzten 35 Jahre nahm er auf etwa 40 % zu. Die Bejagung der Hähne hat also das Geschlechterverhältnis und damit die Populationsstruktur stark beeinflusst. Das natürliche, ausgeglichene Verhältnis zwischen Hähnen und Hennen konnte auch mit stark eingeschränkter

Birkhuhnlebensraum im Naturschutzgebiet „Lange Rhön“ – eine alte Kulturlandschaft, die intensiver Pflege bedarf, wenn die Restpopulation erhalten werden soll.

Jagd nicht wieder erreicht werden. In bejagten Populationen sind die Fluchtdistanzen höher. Das kann bewirken, dass ungestörte Lebensraum-Inseln zwischen stark touristisch genutzten Gebieten nicht mehr genutzt werden können, weil die Randeffekte zu groß sind.

Lebensraum aus Menschenhand

Die Bindung an den sich auflösenden Wald und an die Randzonen des Waldes ermöglicht es dem Birkhuhn auch, durch den Menschen geschaffene „Ersatz"-Lebensräume zu erschließen, die mindestens strukturell den Naturlebensräumen gleichen. In gewissen Grenzen kann das Birkhuhn zum Kulturfolger werden, indem es Rodungsflächen, Heiden und Kahlschläge neu zu besiedeln vermag, Felder, Wiesen und Obstanlagen zum Nahrungserwerb nutzt und auf Schneisen, Wegen und Blößen nächtigt. Die „Katastrophenart" Birkhuhn hat sich sogar als fähig erwiesen, militärische Übungsplätze als letzte Refugien in längst aufgegebenen Teilen seines Areals zu nutzen, wie z. B. in der Lüneburger Heide.

In den italienischen Alpen nahe der Schweizer Grenze wurde sehr gründlich getestet, ob mosaikartiges Mähen dichter Heidelbeerbestände den Birkhuhnbestand ansteigen lassen kann. Das Experiment lehnte sich an Lebensraum-Managementmaßnahmen an, die im Norden Großbritanniens üblich sind, um die Bestände des Schottischen Moorschneehuhns zu Jagdzwecken

In der Lüneburger Heide überleben die letzten Birkhühner Niedersachsens dank umfangreicher Heidepflege mit Plaggen, Brand und Schafweide.

zu steigern. Das Abbrennen oder die mechanische Zerstörung alter Zwergstrauchheiden fördert das Wachstum junger Pflanzen mit höherem Nährwert. Beim Birkhuhn legen Zählungen der Küken führenden Hennen in den Jahren vor, während und nach den Maßnahmen einen positiven Effekt der Zwergstrauchverjüngung nahe. Aber die Zahlen sind sehr klein, und der Bestandstrend folgt jenem des Bestandsindexes für das Birkhuhn in der Schweiz. Die Wirksamkeit dieser Eingriffe in den Lebensraum des Birkhuhns ist also nicht belegt. Beim Moorschneehuhn im Dovrefjell gab es auch keinen positiven Effekt. Mögliche negative Effekte auf andere Arten werden ohnehin außer Acht gelassen, die landschaftlichen Aspekte ebenso. Dennoch wurden und werden solche Aktionen in verschiedenen Regionen der Alpen kopiert. Das Problem besteht darin, dass solche Managementmaßnahmen als Kompensation für andere Eingriffe, sogar für den Bau neuer Skianlagen und Seilbahnen, gewertet werden könnten. Birkhühner sind zwar mobil, aber sie lassen sich nicht so einfach verpflanzen. Alpine Birkhuhnlebensräume sollten also so wenig wie möglich beeinträchtigt werden.

Das Birkhuhn als Kulturfolger

Das Birkhuhn ist von Skandinavien über das nördliche Russland bis Sibirien ein weit verbreiteter und häufiger Vogel. Die vergleichsweise kleine alpine Population ist als Gesamtheit nicht akut gefährdet, auch wenn lokale Teilpopulationen durch Störungen, Lebensraumveränderungen und Tourismus

Extensivweide, Moore und Kahlschläge prägen den Lebensraum in den Hochlagen des Böhmerwaldes (Nationalpark Šumava).

unter Druck geraten können. Ganz anders sieht es bei den kleinen Birkhuhnvorkommen der Mittelgebirge und des norddeutschen Tieflandes aus. Viele sind bereits verschwunden. Die letzte größere Tieflandpopulation in Mitteleuropa ist jene in der Lüneburger Heide.

Das Birkhuhn liebt frühe Entwicklungsstadien der Waldentwicklung, den sich auflösenden Wald und die Randzonen des Waldes an der Grenze zu Mooren, Wiesen und Feldern. So gelang es ihm, durch den Menschen geschaffene „Ersatz"-Lebensräume zu erschließen, die durch Waldrodung, Waldübernutzung und historische Formen kleinteiliger Landwirtschaft entstanden sind und früher unser Landschaftsbild prägten. In Mittelgebirgs- und Tieflandregionen wurde das Birkhuhn zum Kulturfolger. Mit der Intensivierung der Landnutzung hat es diese „Lebensräume aus Menschenhand" bereits wieder verlassen oder es hängt am Tropf aufwändiger Schutzprogramme. Beispiele aus Mitteleuropa kennen wir aus der Rhön, dem Thüringer- und Frankenwald, dem Erzgebirge, dem Böhmerwald, den Sudeten und vielen anderen Mittelgebirgen und Hügelländern.

Im norddeutschen Tiefland hat die Entwässerung und Abtorfung von Mooren, später die Umwandlung in Ackerland, einen einst auf Tausende Vögel geschätzten Birkhuhnbestand fast an den Rand des Aussterbens gebracht. Der Restbestand im Naturschutzgebiet Lüneburger Heide und auf den umliegenden Truppenübungsplätzen sank trotz großflächiger Landschaftspflegemaßnahmen, der Konservierung alter Nutzungsformen wie Heidebrennen, Plaggen und Schafbeweidung, auf heute rund 130 Vögel. Stark erhöhter Stickstoffeintrag, touristische Störungen und angestiegene Dichte von Beutegreifern werden als Ursachen diskutiert. Es gab aber auch Beispiele für den Anstieg von Birkhuhnbeständen in der Kulturlandschaft. Wenn sie auch zeitlich zurückliegen und Waldzerstörung die Ursache war, so helfen sie doch, die Ökologie des Birkhuhns besser zu verstehen.

Das Birkhuhn als Nutznießer von „Katastrophen" im Wald

Ein Beispiel betrifft den **Thüringer Wald**: Seine geschlossenen Fichtenmonokulturen boten von jeher nur im Umfeld der wenigen Hochmoore um den Großen Beerberg und Schneekopf einem geringen Birkhuhnbestand Lebensraum. Vor 1945 wurde der Bestand auf etwa 12 Vögel geschätzt. Im Juli 1946 schuf ein Orkan im Kammgebiet Windwürfe auf etwa 10.000 ha Fläche mit Schwerpunkt in der Oberförsterei Oberhof. Durch weitere Sturmschäden, Brände und nachfolgenden Borkenkäferbefall stieg die Größe der Freiflächen bald auf 20.000 ha an. Die Aufforstungsarbeiten kamen nach dem Krieg nur zögernd in Gang. Zunächst wurden Vorwälder aus Birke und Eberesche gegründet. Erst nach 1953 begann man, Fichten zu pflanzen. Bei dem rauen Klima der Kammlagen wuchsen die Fichten sehr langsam und lückig. So entstanden optimale Habitate für das Birkhuhn, und sie blieben lange erhalten. Das Fehlen von Rothirschen ermöglichte das Aufkommen der Weichhölzer und die Entwicklung einer reichen Beerenstrauchvegetation. 22 Jahre nach dem Sturm war 1968 mit mehr als 300 Vögeln ein Bestandsmaximum erreicht. Gleichzeitig dehnte sich die besiedelte Fläche von 4.000 ha (1945) auf 120.000 ha aus, wobei auch Felder, Wiesen und Kahlschläge der unteren Lagen bis hinein ins Thüringer Schiefergebirge besiedelt wurden. Nach 22 Jahren kontinuierlicher Zunahme setzte mit dem Heranwachsen der Fichtenbestände und der Beseitigung der als Winternahrung unentbehrlichen Birken und Ebereschen ein kontinuierlicher Rückgang ein. 2010 war das Vorkommen erloschen.

Erzgebirge: In den 1970er- und 1980er-Jahren war das durch sauren Regen verursachte Waldsterben in aller Munde. Ein Schwerpunkt war der Erzgebirgskamm. Dort kam es zunächst zu einem drastischen Rückgang der Birkhuhnbestände – viele Balzplätze mit ehemals bis zu 10 Hähnen verwaisten oder wiesen nur noch 1–2 balzende Hähne auf. Etwa ab 1985 wurde eine allmähliche Zunahme beobachtet. 1988 fanden sich auf einem sächsischen Balzplatz, dessen Bestand bis auf zwei Hähne zurückgegangen war, wieder zehn balzende Hähne ein, und es wurden Winterflüge mit maximal 16 Individuen gesehen. Eine Betrachtung der veränderten Lebensräume des Erzgebirgskammes zeigt, dass das Waldsterben im Erzgebirge im Wesentlichen ein Absterben von Fichtenmonokulturen war. Der auf den riesigen

Erzgebirgskamm bei Gottesgab (Boži Dar). Die Spuren des Fichtensterbens der 1980er-Jahre sind neuen Fichtenplantagen gewichen. Moore und Bergwiesen prägen heute den Birkhuhnlebensraum.

Die „Katastrophenart" Birkhuhn fand nicht nur in den Waldschadensgebieten des Erzgebirges, sondern auch auf Truppenübungsplätzen wie in der Muskauer Heide letzte Refugien.

Freiflächen entstandene Ersatzwald aus Birken, Ebereschen, Weiden und Ahornarten, z. T. auch Latschenkiefern, zeigte nur geringe Schäden. Diese lückigen Jungbestände boten dem Birkhuhn ein reiches Winternahrungsangebot. Das Fichtensterben hatte anstelle geschlossener Forsten eine offene Landschaft mit z. T. hoher Strukturvielfalt geschaffen. Dazu tragen vorübergehend auch Stubben, Windwürfe, neu gepflanzte Laubbaumarten und Koniferen im Wechsel mit vergrasten Flächen bei, die mosaikartig auch Heidekrautgewächse (Ericaceen) und krautige Pflanzen enthielten. Wie erwartet, erwies sich die Zunahme des Birkhuhns als Folge der Waldkatastrophe als ein zeitlich begrenztes Phänomen. Der Rückgang beiderseits der Grenze zwischen Sachsen und Böhmen ist in vollem Gange, wenn nicht die hart erstrittenen Schutzmaßnahmen greifen, unterstützt durch neue Windwürfe und Borkenkäferentwicklung, die bereits Realität sind. Die Forstseite muss lernen zu akzeptieren, dass Pionierwaldentwicklung ohne Pflanzung auf den neuen Freiflächen die kostengünstigste und ökologisch sinnvollste Variante für den Wald der Zukunft und seine Bewohner ist.

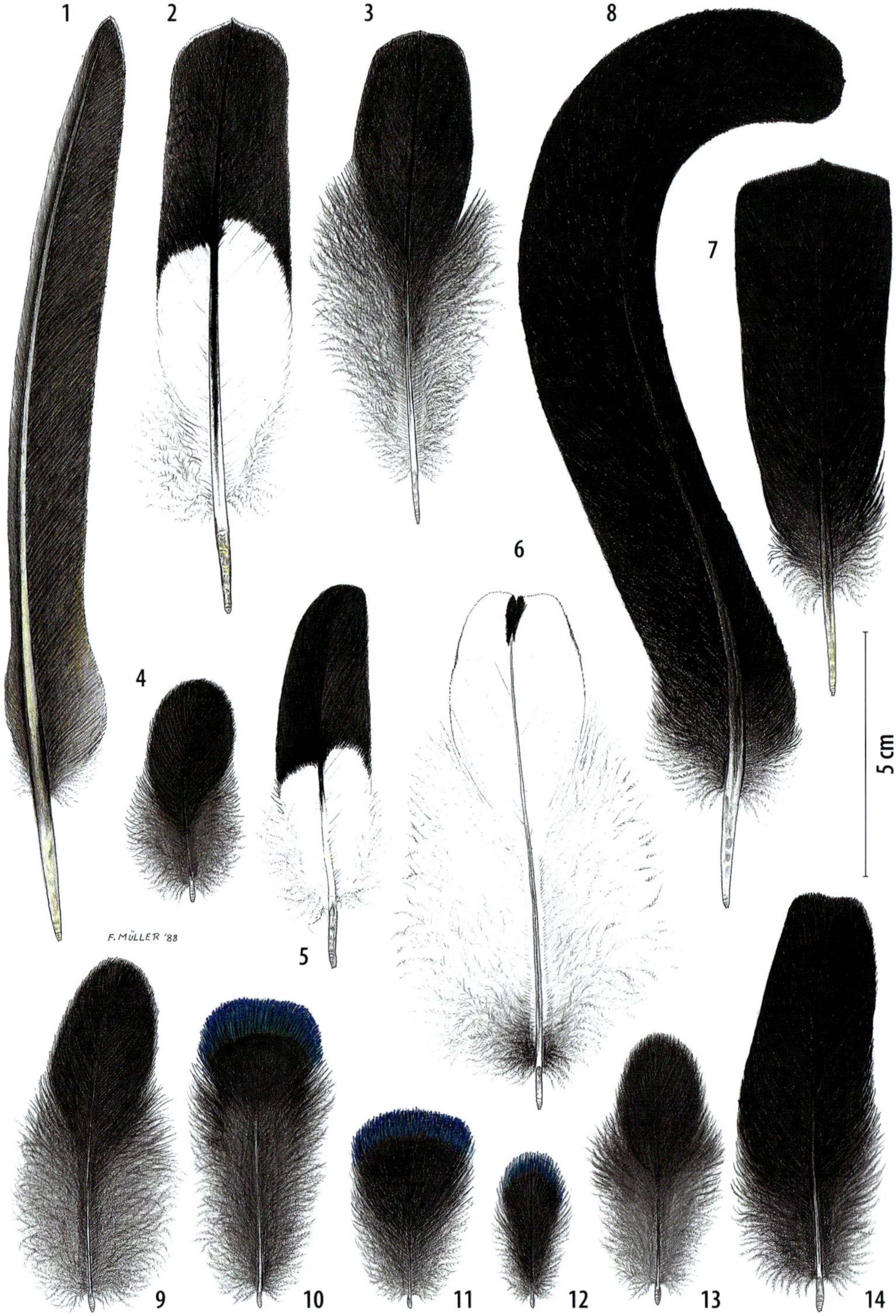

Federn des Birkhahns: 1 Handschwinge, 2 Armschwinge, 3 Schulterfeder, 4 mittlere obere Armdecke, 5 große obere Handdecke, 6 Unterschwanzdecke, 7 mittlere Schwanzfeder, 8 äußere Schwanzfeder, 9 Flankenfeder, 10 Rückenfeder, 11 Brustfeder, 12 Halsfeder, 13 Bauchfeder, 14 Oberschwanzdecke. Original, Farbstiftzeichnung F. Müller.

Federn der Birkhenne: 1 Handschwinge, 2 Armschwinge, 3 Schulterfeder, 4 mittlere Schwanzfeder, 5 äußere Schwanzfeder, 6 große obere Armdecke, 7 Oberschwanzdecke, 8 Unterschwanzdecke, 9 Halsfeder, 10 Flankenfeder, 11 Rückenfeder, 12 Brustfeder, 13 Ei, 14 Küken. Original, Farbstiftzeichnung F. Müller.

Fakten Birkhuhn *Tetrao tetrix* Linné 1758

Areal

Das riesige nordeurasische Areal erstreckt sich mit geschlossener Verbreitung fast über die ganze Wald- und Waldsteppenzone von Skandinavien bis Sibirien. Flächig besiedelt sind auch die Alpen und einige zentralasiatische Gebirge. Fragmentierte Vorkommen in west- und südlichen Teilen des Areals: Großbritannien mit Schwerpunkt in Schottland, fast ausgestorben in Belgien (Hohes Venn) und den Niederlanden (Bestandsstützung mit schwedischen Vögeln). In der Lüneburger Heide Abnahme auf ca. 130 Vögel 2019. In Mitteleuropa fragmentierte Bestände im Böhmerwald, Rhön (Stützung), Erzgebirge, Sudeten sowie Osteuropa (Polen), auf dem Balkan und in den Karpaten.
Verbreitungskarten: Klaus et al. (1990), Strauß et al. (2019).

Kennzeichen

Ausgeprägte Geschlechterunterschiede im Gewicht adulter Hahn: 1250–1500 g, Henne: 900–1100 g und im Gefieder: Hahn mit schwarzblauem Gefieder und Leierschwanz, weißer Flügelbinde und Unterschwanz, roten Rosen; Henne mit braunem Tarnkleid, schmaler weißer Flügelbinde und Gabelschwanz.

Balz, Lautäußerungen

Arenabalz mit wenigen bis zu 40 Hähnen. Rangordnung wird in ausgeprägten Revierkämpfen etabliert. Dominante Hähne besetzen meist zentrale Reviere und paaren sich am erfolgreichsten. Junge Hähne mit randlichen Revieren werden vehement vertrieben. Balzzeit von März bis Ende Mai je nach Region, in den Alpen bis gegen Ende Juni/Anfang Juli. Reviere werden mit Kullern (Gesang), Zischen, Flattersprung (reduzierter Revierflug) und weitgreifenden Revierflügen markiert, besonders wenn Hennen auftauchen. Dann bricht das Reviersystem vorübergehend zusammen.

Brutbiologie, Jahresablauf

Kopulatermine in den Zentralalpen (Aletschgebiet): 15. Mai bis 5. Juni, mit Schwerpunkt im letzten Maidrittel, in tieferen Lagen Mitteleuropas bis Mittelskandinavien von Ende April bis Anfang Mai. Nester am Boden, meist gut versteckt unter Zwergsträuchern oder kleinen Nadelbäumen. Die bis zu 7 cm tiefe Nestmulde entsteht erst allmählich während der Bebrütung und enthält meist etwas Laub und kleine Federn. Nur eine Jahresbrut, bei Gelegeverlusten kann es zu Ersatzgelegen kommen. Gelegegröße: Mittelwerte 5–9, selten bis 12, in den Alpen 6–7 Eier. Legeintervall 36–48 Stunden. Brutbeginn in den Niederungen Mitteleuropas Ende April, in den

Birkhuhngelege mit zehn Eiern in einer Fichtenschonung im Böhmerwald.

Mittelgebirgen Anfang Mai und im Hochgebirge Ende Mai oder Anfang Juni. Brutdauer in der Regel 26–27 Tage, minimal 24, maximal 28 Tage. Schlupf in den Alpen in der ersten Julihälfte. Die Küken werden allein vom Weibchen geführt. Ihr Überleben und damit der Bruterfolg hängen davon ab, ob das Wetter in den ersten Tagen nach dem Schlüpfen warm und trocken ist. Im Alter von 4 Wochen sind sie weitgehend selbstständig, die Familien lösen sich ab Ende September auf.

Lebensraum, Nahrung

Besiedlung der frühen Sukzessionsstadien der Waldentwicklung. Primärlebensräume in der Kampfzone des Waldes: obere Waldgrenze im Gebirge, Ränder und randnahe Bereiche von Heiden, Mooren und Katastrophenflächen nach Waldbrand, Schneebruch, Borkenkäferbefall, Sturm oder Lawinenniedergang. Lebensräume aus Menschenhand entstanden großflächig durch Übernutzung und Rodung von Wäldern, Dreifelderwirtschaft, extensive, kleinteilige Landwirtschaft, Almwirtschaft, Extensivgrünland und sogar durch militärische Nutzung mit Bodenverwundung und Erosion. Hauptnahrung im Winter: Kätzchen und Knospen der Pionierbaumarten (Birke), in den Alpen Lärchentriebe, Arven- und Fichtennadeln, im Frühling Blätter und Triebe der Zwergsträucher (Heidekrautgewächse), Alpenrose, Wacholder, Wildrose u. a.; im Sommer und Herbst Kräuter, Gräser, Beeren.

Siedlungsdichte, Ortsbewegung

Nördliche Waldtundra: 0,7–9,6 Ind./km^2, Mittlere Taiga: 0,5–20 Ind./km^2, Waldsteppe im Mittel 8,6, Aletschwald 3,5–6,8, Tessin 4,3–6,3, franz. Alpen 1,9 Ind./km^2. In der Regel sesshaft, bei Mangel an Winternahrung Flüge bis 25 km.

Bedrohung, Schutz

Lebensraumverluste in Mittel- und Westeuropa durch Moorentwässerung, Düngung, Intensivlandwirtschaft auf ehemaligen Grenzertragsböden, Aufforstung von Dauergrünland, Vernichtung von Pionierbaumarten als essenzieller Winternahrung, Lebensraum-Fragmentierung, Zunahme der Prädation, im Hochgebirge Anstieg der Waldgrenze u. a. durch Klimaerwärmung, damit Flächenverluste entlang der Kampfzone des Waldes.

links: Die brütende Birkhenne ist unter einer Jungfichte gut getarnt. Böhmerwald.

rechts: Die Birkhenne bewacht ihre zweiwöchigen Jungen.

Tetrao Mlokosjewiczii ♂ sen. & ♀ sen.

Das Tafelbild aus dem Werk von Theodor Lorenz (1887) zeigt eindrucksvoll die Unterschiede von Hahn und Henne.

Kaukasusbirkhuhn

Spät entdeckt – wenig erforscht

Das mit dem Birkhuhn nächstverwandte Kaukasusbirkhuhn bewohnt die Hochgebirge des Kleinen und Großen Kaukasus mit einem im Vergleich zum Birkhuhn kleinen, mehrteiligen Verbreitungsgebiet. Ihren wissenschaftlichen Namen erhielt die Art zu Ehren ihres Entdeckers, Ludwik F. Młokosiewicz, der als Förster und Sammler Bälge aus Lagodekhi (Georgien) an den polnischen Zoologen Władysław Taczanowski schickte. Dieser beschrieb die neue Art für die Wissenschaft. Noch heute lebt dieses wenig bekannte Huhn im georgischen Lagodekhi-Reservat, das auf Betreiben Młokosiewiczs noch durch den letzten Zaren errichtet wurde. Die entscheidenden Forschungen wurden jedoch durch Oleg A. Vitovič im russischen Teberda-Schutzgebiet durchgeführt. Den vergangenen Klimaänderungen konnte das Huhn durch Aufsteigen oder Absteigen in den Höhenzonen des Gebirges begegnen und so vermutlich dem klimatisch bedingten Evolutionsdruck langfristig entgehen. Anstelle des schwarzen Gefieders der alten Männchen tragen die Junghähne des Vorjahrs noch ein graubraunes Kleid. Ihnen fällt auf dem Balzplatz eine Randrolle zu. Statt des weit klingenden stimmlichen Repertoires beim Birkhuhn verfügt der Kaukasier über eine „stumme Balz“ mit Flattersprüngen. Sowohl bei diesen Flattersprüngen als auch bei den ausgedehnten Revierflügen entsteht hoch formalisierter Flugschall, der von den Flügeln erzeugt wird und an die Stelle der stimmlichen Lautäußerungen tritt. Die Balzplätze am Steilhang werden jahrzehntelang traditionell eingehalten. Kenntnislücken herrschten bis in jüngere Zeit über die aktuelle Verbreitung und Gefährdung. Sie konnten durch Forschung in Aserbaidschan, Georgien, der Türkei und neuerdings im Iran zum Teil behoben werden.

Der Lebensraum im Großen Kaukasus umfasst ein schmales Band entlang der oberen Waldgrenze. Die Schneegipfel markieren den Hauptkamm über dem Dombaital im Schutzgebiet Teberda, in dem viele Studien zur Biologie dieser endemischen Art durchgeführt wurden. Mitte Mai 1987, Nordkaukasus, Russland.

Schwierige Wege zum Kaukasusbirkhuhn

Es war eine echte ornithologische Sensation, als Władysław Taczanowski 1875 die Entdeckung der neuen Birkhuhnart veröffentlichte. Das Nachsehen hatte in diesem Fall der damals im Kaukasus führende Naturforscher Gustav Radde, der schon vorher Präparate des neuen Birkhuhns im Tifliser Museum aufgestellt, die Beschreibung der Art aber „in Erwartung weiteren Materials" zurückgestellt hatte.

Trotz früher Veröffentlichungen deutscher Naturforscher wie Theodor Lorenz und Max Noska gehörte das Kaukasusbirkhuhn bis in die jüngere Zeit zu den am wenigsten bekannten Raufußhuhnarten. Unsere Bemühungen, das interessante Birkhuhn kennenzulernen, blieben lange unerfüllbar. In den damals sowjetrussischen Teil des Großen Kaukasus kam man in den 1970er-Jahren nur mit einer Touristengruppe mit festgelegten Wanderzielen, nicht als Einzelreisender. Mit einer solchen Gruppe gelangten wir tatsächlich 1973 und 1974 ins Dombaital. Auf unseren Bergtouren erreichten wir zwar die Lebensräume des Kaukasusbirkhuhns, in der sommerlichen Mauserzeit blieben die Hühner für uns jedoch unsichtbar. Aber wir knüpften im dortigen Teberda-Schutzgebiet den entscheidenden Kontakt zu Oleg A. Vitovič, dem besten Kenner dieser Raufußhuhnart. Unser Ziel, eine eigene Forschungsreise zum Studium des Huhns durchzuführen, blieb damals jedoch Illusion.

Hahn in voller Imponierhaltung mit geblähter Brust und aufgerichteten Rosenkämmen, die denen der Schneehühner ähneln. Teberda.

Erst 1987 verrieten uns Bergsteigerfreunde einen Trick, wie man die Behördenbürokratie umgehen und ein Gruppen-Visum erlangen konnte. Es gelang, und als Zweiergruppe schafften wir die Einreise in unser Zielgebiet. Per Flug nach Piatigorsk und lokalem Bus erreichten wir das von Bergriesen umgebene Teberda im Dombaital. Oleg holte uns mit seiner Beiwagenmaschine russischer Bauart ab und die Expedition begann. Erschwerend für das Unternehmen: Im Bereich der Balzplätze lagen 2–3 m Schnee. Der übliche Pferdetransport von der Reservatsverwaltung im Tal zur Hütte auf 2500 m war undenkbar – Ausrüstung und Proviant für drei Wochen mussten mit Helfern per Rucksack nach oben geschafft werden, eine Ganztagsaktion. Der Steig führte durch herrlichen Urwald aus Nordmannstanne, Orientfichte, Orientbuche und Trautvetters Ahorn bis in die Birken-Rhododendronzone, dann begann der Schnee. Glücklicherweise war der Altschnee in der Hochlage noch fest. Die kleine primitive Blockhütte fanden wir bis zum Dachansatz unter Schnee begraben. Es hieß den Eingang frei-

Ohne ein Dach über dem Kopf wären Feldarbeiten im Hochgebirge des Kaukasus in 2500 m Höhe undurchführbar (Teberda). Die ersten Beobachter Max Noska und Theodor Lorenz mussten ohne diesen Komfort auskommen.

Die Henne in Nestnähe verschwindet fast in der dichten Vegetation der subalpinen Wiesen im Schutzgebiet Teberda.

schaufeln, die alten feuchten Matratzen in der Sonne trocknen, den Lehmofen anheizen und über den tief verschneiten Grat zwei Versteckzelte am einen Kilometer entfernten Balzplatz so stellen, dass Lawinen und Schneebretter sie nicht begraben konnten.

Bei morgendlicher Dunkelheit ging es über den hart gefrorenen Grat in die Zelte. Foto- und 16-mm-Filmkamera waren dabei, um die eigenartige Balz dieses Huhns zu dokumentieren. Noch im Dunkeln begann das merkwürdige Balzgeschehen, wie es schon Lorenz und Noska Ende des 19. Jahrhunderts erlebt hatten: Einige Hähne hatten in ihren kleinen Revieren am Gruppenbalzplatz übernachtet und begannen noch in der Dämmerung mit ihren Flattersprüngen am steilen Schneehang. Nach Sonnenaufgang wurden die Pausen zwischen den Sprüngen länger, bis endlich die Hähne ruhten, Nahrung suchten und bald in ihre Tageseinstände abflogen. Nun konnten wir die Zelte verlassen und über den Grat zur Hütte zurückkehren, im Anblick der weißen Bergriesen des kaukasischen Hauptkammes – Dombai-Ulgen, Tschuguturlutschat und Sovrutschu, dahinter das sagenumwobene Swanetien in Georgien. 1988 und 1989 folgten weitere Expeditionen bei weit günstigerem Wetter. So konnten wir späte Balz, Brutzeit und Schlupf der Küken während der wundervollen Blütezeit der kaukasischen Flora erleben. Mit dem schweren UHER-Tonbandgerät und Parabolreflektor wurden damals auch die merkwürdigen Lautäußerungen erfasst.

Ein typischer Balzplatz am Schneehang am Kleinen Chatipara/Teberda (3100 m ü. NN), der von fünf bis sechs Hähnen genutzt wurde.

Angepasst ans Hochgebirge

Das Leben im Hochgebirge, im Tiefschnee des Winters und auf den subalpinen Wiesen, mit im Kaukasus besonders hoher, dichter Vegetation und bis zu 45 Grad steilen Hängen, hat zu besonderen Anpassungen geführt: Das Kaukasusbirkhuhn hat die relativ längsten Beine unter allen Raufußhühnern, auch die Zehen sind besonders lang und kräftig ausgebildet, mit langen Krallen und breiten Zehenstiften. Durch diese Vergrößerung der Fußfläche sinken die Vögel im Schnee weniger ein, und das Graben der Schneehöhlen wird erleichtert. Die Läufe sind dicht-filzig befiedert und begünstigen das Steigen auf steilen Schneefeldern, wobei nicht nur der Fuß, sondern der ganze Lauf eingesetzt werden kann. Auch wird beim stundenlangen Sitzen auf dem Schnee der Körper durch besonders dichtes, langes Bauchgefieder gut isoliert. Die Hähne übernachten dort auf dem Schnee ruhend in ihren Balzrevieren am Schneehang, mindestens während des Höhepunktes der Balz, der Hennenwoche.

Im Vergleich zum Birkhuhn sind die Flügel kürzer und runder. Die besondere Form der Handschwingen (vielleicht auch die Alula, der sogenannte Daumenfittich) verursacht den charakteristischen Flugschall bei Flattersprung und Revierflug. Auch im Kampf- und Werbeverhalten gibt es Unterschiede zwischen den beiden Birkhuhnarten, die zum Teil als Anpassung an

Im Mai 1987 lagen bis zu 3 m Schnee auf dem Balzplatz. Teberda.

das Leben der kaukasischen Art an Steilhängen gedeutet werden können. So springen die Kaukasischen Birkhähne beim Kampf nicht, wie es Birkhähne häufig tun, in die Luft, sondern führen auf dem Boden stehend eine Kampfform aus, die dem „Schnabelfechten" des Auerhuhns entspricht. Bei allen Werbehandlungen bleiben die Flügel in beiden Geschlechtern angelegt, nur bei der Kopulation werden sie im Bedarfsfall ausgestreckt und als Stütze benutzt. Auch hierin besteht eine gewisse Ähnlichkeit zum Auerhuhn. Anders der Birkhahn, der auf flachem Grund die Paarung unter heftigem Flügelflattern vollführt und die Flügel nicht als Stütze benutzt.

Gefangen im Hochgebirge – die Herkunft in der Stammesgeschichte

Nach äußeren Merkmalen, Lebensraum und jüngsten Ergebnissen der Phylogenetik, der stammesgeschichtlichen Forschung, ist das Kaukasusbirkhuhn am nächsten mit dem Birkhuhn verwandt. In einigen Merkmalen gleicht es den Schneehühnern, z. B. in der Form und Struktur der warzigen Überaugenwülste, der „Rosen", und es bleibt eine gegenwärtig ungelöste Frage, ob es mit seinen Merkmalen der „Urform" nähersteht oder ob Merkmale, die nicht mehr nötig oder sogar nachteilig waren, zurückgebildet wurden. Allerdings liefert die molekulare Phylogenetik Hinweise darauf, dass sich die Schneehühner vor ca. 3 Millionen Jahren von einer Linie abzweigten, die zu den Birk-

Nach einem Revierstreit ziehen sich die Kontrahenten in Imponierhaltung in ihre Revierzentren zurück.

huhnvorfahren führte. Die besondere Rosenstruktur deutet vielleicht auf diese engere Verwandtschaft hin.

Frühe Beobachter vertraten die Ansicht, dass „der Kaukasische Birkhahn eine sehr alte und gegenüber unserem Birkhuhn zurückgebliebene Form ist, in Anbetracht der Stimme und des bescheideneren Gefieders". Auch Oleg A. Vitovič betrachtet die Balz des Kaukasischen Birkhuhns als eine ursprüngliche Form, bei der energieaufwändige Verhaltensweisen wie Flattersprünge und lange Läufe im Steilhang dominieren. Vokale Lautäußerungen fehlen fast völlig; sie wurden durch Instrumentallaute ersetzt, die mit den Flügeln erzeugt werden und viel weniger weit tragen als das Kullern des Birkhahns. Dies kann man auch als sekundäre Anpassung an den Feinddruck auffassen.

Im Vergleich mit dem Birkhuhn erscheinen auch die visuellen Signalmuster viel weniger ausgeprägt: die weißen Gefiederabzeichen sind unauffällig, der weiße Flügelbugfleck ist kleiner, oft verdeckt, ebenso das weiße Unterflügelfeld. Außerdem fehlen die weiße Flügelbinde und der Schwarz-Weiß-Kontrast im Schwanzgefieder. Die Unterschwanzdecken sind rein schwarz. Offenbar wurden alle optischen Signale, die im unübersichtlichen Gelände und bei höherer Vegetation keine Fernwirkung entfalten, nicht entwickelt oder sekundär reduziert.

Der Hahn sichert nach einem Luftfeind – Steinadler oder Habicht. Teberda.

Der schwarze Schwanz ist dagegen deutlich verlängert und bleibt wie eine Flagge erhoben, selbst bei der intensiven Werbung in zusammengefaltetem Zustand. Nur beim Drohen gegenüber Rivalen wird er kurzzeitig gespreizt und beim Kämpfen gesenkt. Während die optischen Signale des Birkhahns ihre Fernwirkung nach allen Seiten entfalten, wirken die Signale des Kaukasiers eher im Seitenprofil.

Die beim Kaukasusbirkhahn energieaufwändigen Jagereien fallen besonders dann ins Auge, wenn die Rivalen im weichen Tauschnee einsinken. Da Revierflüge und Flattersprünge nur eine beschränkte Fernwirkung haben, wird dieser Nachteil durch hohe Tradition der Balzplätze ausgeglichen. Allerdings kennen Beutegreifer wie Fuchs, Habicht und Steinadler diese Plätze ebenfalls gut, gelegentlich zum Nachteil der Hühner.

Wie unsere Art in die Isolation des Kaukasus gelangt ist und ob sie den Birkhuhnvorfahren nähersteht als unser Birkhuhn, bleibt Spekulation und Gegenstand künftiger Forschung. Geringer Unterschied zwischen den Geschlechtern, wenn man das um ein Jahr verzögerte schwarze Alterskleid der Hähne so deuten darf, das kontrastarme Gefieder der Hähne sowie die weniger komplexe, stumme Balz, die mit hohem Energieeinsatz verbunden ist, deuten eine besondere Nähe zu den Birkhuhn-Vorfahren an. Den Klimaänderungen kann ein im Hochgebirge „gefangener" Vogel leichter ausweichen, indem er in Wärmeperioden mit der Baumgrenze höher, in Kältezeiten tiefer steigt

Auch die graubraunen vorjährigen Hähne imponieren mit voll entwickelten Rosen am Rande der Arena. Die Alten vertreiben sie regelmäßig am Boden oder im Flug. Teberda.

und so dem sich aus veränderten Lebensraumbedingungen ergebenden Evolutionsdruck entgeht. Ganz Ähnliches wird beim Chinahaselhuhn vermutet – ebenfalls ein Hochgebirgsbewohner.

Die stumme Balz

Der Kaukasusbirkhahn bleibt im Gegensatz zum „gemeinen" Birkhahn, dessen Morgengesang kilometerweit zu hören ist, auffallend stumm – eine Eigenart, die schon die ersten Beobachter in Erstaunen versetzte. Als einzige vokale Lautäußerung bringen die Hähne bei Revierkämpfen oder beim Umwerben von Hennen ein leises, kaum 30 m weit vernehmbares dumpfes Krächzen („chr – chr") hervor. Obwohl die Hähne keinerlei weittragende vokale Laute äußern, gibt es dennoch eine akustische Form für die Demonstration ihres Revieranspruchs. Dies sind instrumentale Laute, die beim Flügelschlagen erzeugt werden und die als zwitscherndes Pfeifen bis 200 m weit zu hören sind. Darüber hinaus entsteht beim Gleitflug alter wie junger Hähne ein metallisch heulendes Sausen, das durch dazwischen gelegte Flügelschlagserien mit ihren zwitschernden Lauten aufgeteilt wird. Auch bei den Flattersprüngen am Boden sind die zwitschernden, in der Intensität abnehmenden Signale stets zu vernehmen. Dabei reihen sich fast immer sechs bis sieben Einzelsignale in exaktem Takt aneinander. Diese instrumentalen Laute entstehen wahrscheinlich in den besonders schmalen und kurzen Handschwingen im Flügel der Hähne und dies nicht nur zur Balzzeit, sondern bei jedem Auffliegen vom Boden. Es ist nicht auszuschließen, dass auch der phasenweise weit abgespreizte Daumenfittich an der Lauterzeugung oder -modulierung beteiligt ist.

Schon vor dem ersten Morgengrauen versammeln sich die Hähne auf dem Balzplatz und beginnen, in ihren Territorien Serien von Flattersprüngen zu vollführen: Der Hahn sitzt vor dem Sprung in charakteristischer Haltung mit dem Kopf hangabwärts da. Die Kropfregion ist stark aufgebläht, der Hals eingezogen, der lange Schwanz berührt meist den Boden. Aus dieser Haltung fliegt der Hahn mit 6 bis 7 kräftigen Flügelschlägen und gespreiztem Stoß etwa 1 m hoch. Vor dem höchsten Punkt beginnt er, sich um 180° um die Körperlängsachse zu drehen und landet dann mit angelegten Flügeln hangaufwärts ausgerichtet. Nach kurzer Pause läuft er zum Startpunkt zurück, dreht sich mit dem Kopf hangabwärts und ist zum nächsten Sprung bereit. Beim Flattersprung werden die Handschwingen bei jedem Flügelschlag maximal gespreizt, und bei geeigneter Beleuchtung blit-

Bei diesem Jährling hat die Mauser ins schwarze Alterskleid schon im Mai, im Alter von etwa 11 Monaten, begonnen.

Der Revierbesitzer im Alterskleid ruht im Zentrum seines kleinen Territoriums. Teberda.

Aus dieser Imponierhaltung mit geblähter Brust startet der Hahn zum Flattersprung.

zen die weißen Unterflügelfelder gegenüber dem schwarzen Körper auf. Eine relativ seltene Erscheinung stellen die Revierflüge dar. Sie werden nur von einigen Revierinhabern bei sehr starker Erregung unternommen. Die Hähne starten dabei von ihrem Revierzentrum, fliegen im Bogen über

In der Drehung des Flattersprungs sind die weißen Unterflügel und der abgespreizte Daumenfittich gut sichtbar. Ob letzterer neben den Handschwingen an der Erzeugung des zwitschernden Flugschalls beteiligt ist, bleibt unklar.

den Balzplatz und kehren nach einer Zwischenlandung oder direkt wieder in ihr Revier zurück. Derartige Revierflüge sind akustisch relativ eindrucksvoll, weil hier pfeifend-heulender Gleitflug mit zwitschernden Flügelschlagserien abwechselt. Die eingeschalteten Flügelschlagserien können akustisch genau mit den Flattersprüngen übereinstimmen.

Revierkämpfe

Aggressive Auseinandersetzungen zu Beginn und auf dem Höhepunkt der Balzaktivität stellen wie beim Birkhahn ein normales Geschehen im Dienst der Revierabgrenzung auf dem Balzplatz dar. Wir sahen zwischen dem 12. und 22. Mai 1987 insgesamt 25 Auseinandersetzungen unter 6 beteiligten Hähnen, darunter 15 ritualisierte Grenzläufe mit Scheinattacken sowie 10 Schnabelkämpfe. Auch vorjährige Hähne waren daran beteiligt. Vier der Beschädigungskämpfe folgten unmittelbar auf die Ankunft von Hennen. Nicht mitgezählt wurde das häufige Verjagen der revierlosen grau-braunen Junghähne durch die Alten.

Überschreitet ein Hahn die Reviergrenze zu seinem Nachbarn, so eilt dieser in raschem Lauf herbei und nimmt eine charakteristische Drohhaltung ein: Die Kropfregion wird aufgebläht, und die orange-roten Rosen über den Augen werden durch Aufstellen ihrer warzenartigen Fortsätze ver-

Auf ebenem Gelände verzichtet der Hahn auf die 180-Grad-Drehung und landet in Geradeaus-Haltung. Die Sequenz wurde aus Einzelbildern zusammengesetzt.

größert. Der Schwanz ist in einem Winkel von etwa 45° angehoben und leicht ausgebreitet. Der rasante Lauf der Kontrahenten auf dem morgens gefrorenen Firnhang ist von eindrucksvoller Dynamik. Sind sich die Rivalen nahegekommen, so folgt mindestens eine Scheinattacke oder ein Duell mit wechselseitigem Kopfnicken, wobei die Schnäbel gelegentlich weit geöffnet werden. Wenn die Kampfbereitschaft nachlässt, stehen die Hähne einander gegenüber und wenden sich allmählich ab. Später kehren sie friedlich in ihre Reviere zurück.

Eine andere Form ritualisierter Revierverteidigung stellen die Parallelläufe entlang der Reviergrenze dar, wobei die Hähne in 1–3 m Abstand quer zum Hang laufen und in auffälliger Synchronie gleichartige Verhaltensweisen zeigen, z. B. zwischen Verharren und Flattersprüngen wechseln. Beim Revierkampf dagegen stehen sich die Kontrahenten Brust an Brust gegenüber, machen den Hals lang und dünn und beginnen nach kurzem Hin- und Herdrängen mit den Schnäbeln zu fechten. Nach unseren Filmauswertungen richten sie dabei die Hiebe gegen Kopf und Oberhals des Rivalen. Hat sich ein Hahn festgebissen, beginnt er sofort damit, dem Gegner Flügelschläge zu versetzen. Zuweilen werden dabei schwarze Halsfedern ausgerissen. Solche Beschädigungskämpfe dauern aber nicht lange an, und die Kontrahenten trennen sich meist nach kurzem Schlagabtausch. Mitunter rutschen die Kämpfer auf dem Firnabhang flügelflatternd abwärts und einer sucht fliegend das Weite.

Zwei Hähne beim Parallellauf an der Reviergrenze. Teberda.

Werbung und Paarungsverhalten

Mitte Mai erscheinen die ersten Hennen auf dem Balzplatz, und es beginnt die Periode höchster Aktivität. Das Werbeverhalten stellt im strengen Sinne die „Balz" dar. Die Hennen halten sich anfangs beobachtend am Rande der Balzarena auf, später landen sie im Revier des auserwählten Hahnes oder überqueren zu Fuß den Balzplatz. Die Revierbesitzer laufen der ankommenden Henne entgegen, sie verlassen dabei vorübergehend ihr Territorium. Sie geben kurzzeitig ihre Revierbindung auf, wie es auch Birkhähne tun. Selbst die Junghähne beteiligen sich daran, doch werden sie von den Alten verjagt. Die Henne nähert sich dem Hahn aber noch nicht beim ersten Besuch, sondern benötigt einen oder mehrere Tage zur Verringerung der Individualdistanz. Bei Annäherung der Henne bläht sich der Hahn wie eine Kugel auf, hebt den zusammengefalteten Schwanz senkrecht nach oben und neigt ihn zur Henne hin. Gelegentlich vollführt er beim Umkreisen einzelne Flattersprünge. Anders als beim heimischen Birkhuhn werden bei der intensiven Werbung die Handschwingen nicht unter dem Körper gespreizt, sondern bleiben angelegt. Erfahrene Hähne nähern sich der Henne langsam und hocken sich mitunter hin, sobald die Henne vor ihrer Annäherung ausweicht.

Die Auswertung neuer Videoaufnahmen zum Höhepunkt der Balz ergab Einsichten in bisher unbekannte Verhaltensabläufe: Der paarungsbereite Hahn nähert sich der Henne durch schräges Heranlaufen, wobei ein Flügel oder beide in schneller, vertikaler Rüttelbewegung nach unten gespreizt werden. Vor der paarungsbereiten Henne sinkt der Hahn ruckartig zu Boden und beginnt mit horizontalem Kopfschwenken. Danach kann es zur Paarung kommen, nachdem das Weibchen durch Niederhocken und Flügelspreizen seine Bereitschaft gezeigt hat. Der Hahn steigt von hinten auf, fasst die Nackenfedern der Henne, stützt sich mit den Flügeln ab und vollzieht die 3 bis 6 Sekunden dauernde Begattung. Das merkwürdige „Flügelrütteln" ist uns sonst nur vom Sichelhuhn bekannt, jedoch von keiner anderen Raufußhühnerart. Kopfschwenken als Paarungsaufforderung kommt auch beim Haselhuhn, Chinahaselhuhn und wenigen anderen Raufußhühnern (auch bei einigen Fasanen) vor, die an der Basis des Stammbaums stehen, nicht aber beim Birk- und Auerhuhn. Dieses Verhalten wird als ursprünglich gedeutet.

Hahn in Ruhehaltung. Gegen Ende der Balzzeit im Juni nehmen die Ruhephasen zu. Teberda.

Das Balzverhalten kann mit höher werdender subalpiner Vegetation und bei nachlassender Aktivität noch bis Anfang Juni fortgesetzt werden. Bei frühem Gelegeverlust kehren die Weibchen zu den Balzplätzen zurück.

Auch die Jährlingshähne ruhen am Rande des Birkenwaldes und beginnen zu mausern. Die Rosen sind bereits unter Federn verdeckt oder reduziert.

Revierverhalten im Herbst

Mitteilungen über „Herbstbalz" des Kaukasusbirkhuhns sind rar. Die frühen Beobachter Noska und Lorenz erwähnen nichts dazu. Vitovič sah Imponierverhalten der Männchen zu allen Jahreszeiten, außer während der Mauser im Juli und August. Dies wird durch unsere neueren Beobachtungen im Kasbeghi-Schutzgebiet Georgiens bestätigt. Ende September 2003 wurde an einem von Kaukasischem Rhododendron *Rhododendron caucasicum* bedeckten Nordhang in 2450–2700 m ü. NN die Morgen- und Abendaktivität einer Gruppe von maximal 18 Kaukasusbirkhühnern beobachtet, 13 davon im schwarzen Kleid adulter Männchen, der Rest waren Weibchen und diesjährige Junge, die aus größerer Entfernung nicht von den Weibchen unterschieden werden konnten. Die Vögel gingen intensiv der Nahrungssuche nach, wobei offensichtlich Beeren von Heidel-, Krähen- und Preiselbeere eine wichtige Rolle spielten. Nach Feder- und Kotfunden hatte auch die Mauser der Hühner in der Deckung dieses Rhododendronhanges stattgefunden, d. h., sie hatten sich auch im Sommer dort aufgehalten.

Im Herbst treffen sich Hähne und Hennen auf der traditionellen Arena. Hier lernen auch die Jungvögel des Jahres die Balzplätze kennen. Kasbeghi-Nationalpark in Georgien auf 2500 m Höhe.

Gegen 16.30 Uhr begannen die ersten Männchen, die Deckung zu verlassen und sich zu exponieren. „Postenstehen" auf Steinen oder auf Hügeln, Imponierhaltung, gelegentliche Flattersprünge oder seltener Revierflüge, Umwerben einzelner Weibchen und Jagereien (selten und wenig aggressiv) waren die auffälligsten Verhaltensweisen. Gegen 20 Uhr verschwanden die Vögel wieder in der Deckung, wo sie am Boden nächtigten. Am Morgen war das Imponierverhalten im Gegensatz zur Situation im Frühjahr nur wenig ausgeprägt, und es waren nur wenige Vögel sichtbar.

Hier hat ein Kaukasusbirkhuhn am Boden genächtigt. Die Kotwürstchen liegen dicht beieinander und zeigen im Oktober schon die typische Form der Winterlosung. Kasbeghi.

Lockere Versammlung der Hühner in einem nahrungsreichen Lebensraum nahe dem späteren Balzplatz, gemeinsame Nahrungssuche und gelegentlich auftretendes Imponier-, Aggressions- und Werbeverhalten sind offensichtlich für die Situation im Herbst kennzeichnend. Man gewinnt den Eindruck, dass diese Aktivitäten vor Winterbeginn mit wenig Krafteinsatz ablaufen. Die Jungvögel aber lernen so die traditionellen Balzplätze schon im ersten Lebensjahr kennen. Das beschriebene „Sich-zur-Schau-stellen" der Vögel im

Über dem Kaukasusbirkhuhn-Lebensraum Georgiens erhebt sich der majestätische Gipfel des Kasbek, einer der 5000er des Großen Kaukasus, wie der Elbrus ein Vulkanberg.

Herbst könnte praktisch als Nachweismethode, auch für Abschätzungen von Bestandsgröße und Jungenanteil, genutzt werden, zumal Zugänglichkeit und Wetter viel günstiger als im Frühjahr sind.

Verhalten im Winter

Wie das Birkhuhn bildet auch die Kaukasische Schwesternart im Winter meist getrenntgeschlechtliche, selten gemischtgeschlechtliche Gruppen: Adulte Männchen leben oft in Gruppen getrennt von Trupps, die aus Weibchen und jungen Männchen bestehen. Die Zusammensetzung der Gruppen ist nicht konstant – immer wieder können einzelne Hühner die Gruppen verlassen oder sich hinzugesellen. Die größte bisher beobachtete Gruppe bestand aus 35 Männchen. In Teberda fanden wir Hunderte von Winterschlafhöhlen im tiefen Schnee der nordexponierten Hänge, nahe der ausgedehnten Birkenbestände entlang der Baumgrenze. Vom Schnee umgedrückte Birken, aber auch niedrige Wacholder waren vom Boden aus als Nahrungslieferanten genutzt worden, wie zahlreiche Spuren im Schnee bewiesen. Es gibt keinerlei Hinweise darauf, dass die Vögel im Winter die Hochlagen verlassen, wie es z. B. Noska vermutete. In Aserbaidschan gelang es, das Eingraben der Hühner im Pulverschnee zu filmen: Die Vögel prüfen beim Laufen die Eignung des Schnees, an passender Stelle beginnen die Füße zu paddeln und zu graben, das Huhn sinkt mit erhobenem Kopf

Unter dem Gipfel des Kleinen Chatipara liegt der Balzplatz. Die im Steilhang verstreuten Birken liefern Winternahrung. Mitte Mai 1987.

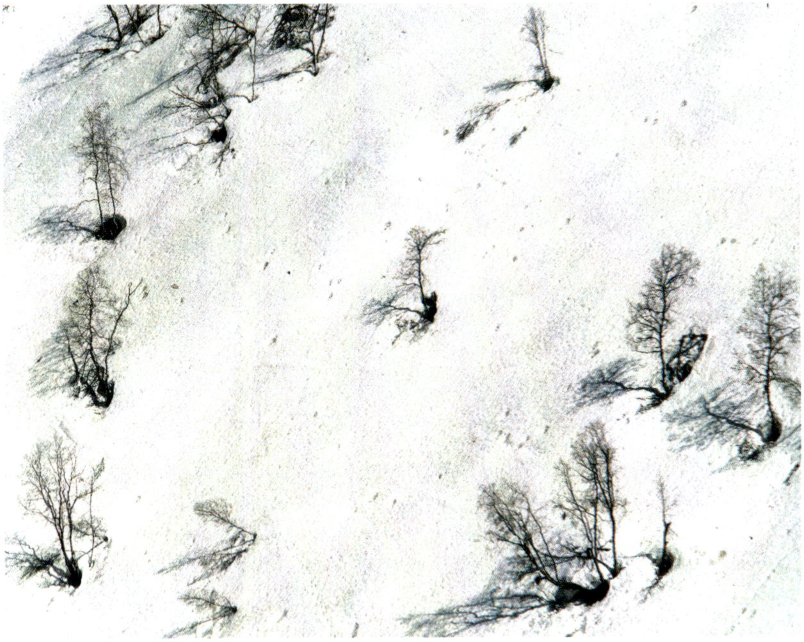

An dem von Birken bestandenen Nordhang liegen die Schneehöhlen einer ganzen Gruppe. Im Tauschnee treten die Höhlen zutage. Teberda.

rasch immer tiefer und verschwindet nach wenigen Sekunden unter der Schneedecke. Manchmal schaut zuletzt noch die Schwanzspitze aus dem Schnee, bis auch diese verschwindet.

Im berühmten Lagodekhi-Reservat Georgiens, heute Nationalpark, wurde das Kaukasusbirkhuhn von dem aus Polen stammenden Förster und Naturaliensammler Ludvik Młokosiewicz entdeckt. Es wurde ihm zu Ehren benannt.

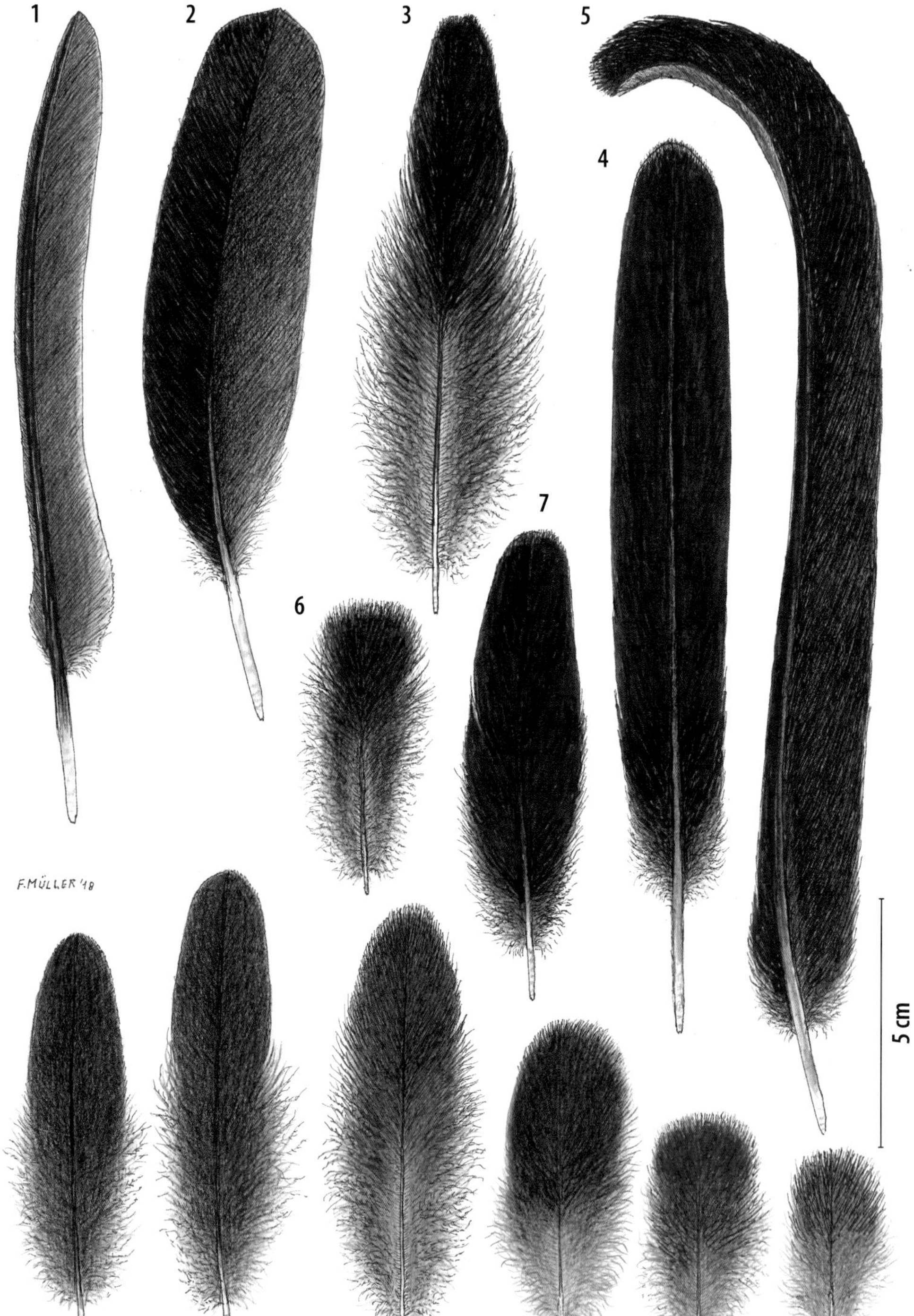

Federn des Kaukasusbirkhahns: 1 Handschwinge, 2 Armschwinge, 3 Unterschwanzdecke, 4 mittlere Steuerfeder, 5 äußere Steuerfeder, 6 Rückenfeder, 7 Oberschwanzdecke, 8 große Oberarmdecke, 9 Schulterfeder, 10 Flankenfeder, 11 Brustfeder, 12 Halsfeder vorn, 13 Halsfeder hinten. Original, Farbstiftzeichnung F. Müller.

Federn der Kaukasusbirkhenne mit Ei und Küken: 1 Handschwinge, 2 Armschwinge, 3 große Oberarmdecke, 4 Schulterfeder, 5 mittlere Steuerfeder, 6 äußere rechte Steuerfeder, 7 Unterschwanzdecke, 8 Oberschwanzdecke, 9 Scheitelfeder, 10 Flankenfeder, 11 Brustfeder, 12 Unterschwanzdecke, 13 Halsfeder, 14 Ei, 15 Küken. Original, Farbstiftzeichnung F. Müller.

Fakten Kaukasusbirkhuhn *Tetrao mlokosiewiczi* Taczanowski 1875

Areal

Kleines, bandförmiges Hochgebirgsareal im Großen Kaukasus (Russland, Georgien, Aserbaidschan). Splitterareale im Kleinen Kaukasus mit Anteilen in Aserbaidschan, Armenien, Türkei (300 Vögel) und einem Zipfel im Iran (100 Vögel). Gesamtbestand wird auf 34.000–76.000 Vögel geschätzt. Höhenverbreitung zwischen 1800 und 3000 m, mit Schwerpunkt entlang der Waldgrenze zwischen 2000 und 2800 m. Verbreitungskarten: Klaus et al. (1990), Klaus et al. (2003).

Kennzeichen

Wie beim Birkhuhn ausgeprägter Geschlechtsdimorphismus – schwarzer Hahn, braune Henne bei geringeren Gewichtsunterschieden: Hahn 820–1000 g (Mittel 865 g), Henne 712–820 (Mittel 766 g). Das mittlere Körpergewicht beträgt 820 g. Damit deutlich kleiner als Birkhuhn. Sonderfall: das graubraune Jugendkleid der Hähne im 1. Kalenderjahr. Die Rosen sind in der Balzzeit meist voll entwickelt.

Brutbiologie, Jahresablauf

Daten aus dem Schutzgebiet Teberda/Großer Kaukasus. Kopulatermine: 15.–22. Mai. 37 Nester in Höhen zwischen 2200 und 2600 m ü. NN (im Mittel 2370 m ü. NN), in subalpinen Wiesen oder Kampfwaldzone, gut versteckt meist unter Graspolstern oder Gebüsch. Tiefer als die Balzplätze, diese in 2300–2800 m Höhe ü. NN.

Eizahl: 6,6 (n = 44 Gelege). Brutbeginn zwischen 25. und 29. Mai, im südlichen Arealteil früher. Zwei Brutpausen täglich. Brutdauer 24–25 Tage. Küken werden allein vom Weibchen geführt. Ende August–September löst sich die Familie auf. Ab Mitte September Herbstbalz, z. T. in Rhododendron-Beständen. Im Herbst / Winter Gruppenbildung aus Männchen und Weibchen, Nahrungssuche in Birken-, Wacholder- und Rhododendronbeständen. Nächtigen in Schneehöhlen nahe der Nahrungsgründe. Keine Vertikalwanderung.

links: Die Henne verlässt 2- bis 3-mal täglich das Nest, um Nahrung zu suchen und die Brutlosung abzugeben. Teberda.

rechts: Fünf bis sechs Eier bilden das Vollgelege, weniger als beim Birkhuhn.

Lebensraum, Nahrung

Ein schmaler Saum entlang der Kampfwaldzone in Höhen zwischen 2000 und 2800 m ü. NN, im Nordkaukasus Kiefernurwälder in felsigen Südlagen, Birken-Rhododendron in Schatthängen, in tieferen Lagen Bergmischwälder aus Trautvetters Ahorn, Nordmannstanne, Orientfichte und Orientbuche. In Georgien z. T. reine Laubmischwälder ohne Koniferen (z. B. im Nationalpark Lagodekhi). Wichtige Komponente des Lebensraums: subalpine Wiesen und Matten bis an die Grenze der alpinen Region. Durch Übernutzung z. T. völlig entwaldet (Armenien, Aserbaidschan, Türkei). Dort lebt das Huhn in geringerer Dichte auch in Buschlandschaften aus Rhododendron, Wacholder und Wildrosen; Krüppelwuchs der einstigen Baumarten.

Nahrung vegetarisch: Kräuter, Gräser, Ericaceen. Im ersten Lebensmonat benötigen die Küken viele Insekten. Im Winter überwiegend Birkenknospen und -kätzchen. Im Osten des Areals Buche, Eiche, Wildrose und Wacholder als Birkenersatz.

Siedlungsdichte, Ortsbewegung

Daten aus Teberda: Auf 80.000 ha Gesamtfläche ca. 1200 Vögel. Nach Linientaxierungen in den besten Habitaten 1–4 Vögel / 100 ha, Geschlechterverhältnis etwa 1:1. Telemetrie in Georgien ergab hohe Ortsbindung der Weibchen, größere Mobilität einzelner Männchen (max. 15 km vom Fang-Balzplatz), im Folgejahr Rückkehr zum gleichen Balzplatz.

Bedrohung, Schutz

Negativfaktoren: Überweidung, Hütehunde, Einschlag der Birkenbestände und der Strauchschicht als Brennholz. Jagd nur lokal, kann aber kleine Balzplätze vernichten. Beutegreifer: Steinadler, Habicht, Nestzerstörung durch Bär, Fuchs, Marderartige.

Positiv wirkt in Teilen Georgiens Mahdnutzung, die erst lange nach der Brutzeit beginnt. Solange das Netz der großen Schutzgebiete des Kaukasus wirkt, bleiben wichtige Refugien für den Schutz dieser Charakterart erhalten.

links: Küken im Alter von wenigen Tagen.

rechts: Im Alter von drei Monaten sind junge Kaukasusbirkhühner fast ausgewachsen. Das graubraune Gefieder kennzeichnet den Hahn.

Haselhuhn

Heimlich im Dickicht und Jungwald

Das Haselhuhn, neben dem Chinahaselhuhn die kleinste Raufußhuhnart, weist zugleich einen nur sehr geringen Unterschied in Größe und Kleid zwischen den Geschlechtern auf. Der Hauptunterschied liegt in der schwarzen, weiß gesäumten Kehle des Hahns. Dessen Gesang besteht aus einer hochtonigen Strophe, mit der er sein Revier markiert. Die Vögel sind paarweise das ganze Jahr über sesshaft und führen meist nur geringe Ortsbewegungen zwischen Teilen ihres Wohngebiets durch. Das Haselhuhn lebt unauffällig ohne spektakuläre Balz im dickicht- und baumartenreichen Wald. Strukturarme, monotone Forsten meidet es. In der kalten Jahreszeit ernähren sich Haselhühner in der Baumschicht von Knospen und Kätzchen der Weichhölzer, sind aber auf die Deckung von Nadelbäumen angewiesen, von denen sie sich nicht weit entfernen. Im Sommer sind sie Bewohner der Kraut- und Strauchschicht. Dem Haselhuhn gelang die Besiedlung eines riesigen Areals, vom Nordosten des eurasischen Kontinents bis nach Westeuropa. Es bewohnt ursprünglich mehrstufigen Naturwald, hat sich aber im Westen des Verbreitungsgebiets am Arealrand regional auf den Niederwald spezialisiert, eine nadelbaumfreie Bewirtschaftungsform. Dort ist es vom Aussterben bedroht oder schon verschwunden. Auch im äußersten Südosten des Areals lebt es in Laubwäldern ohne Koniferen.

◀ Der imponierende Haselhahn präsentiert auf der erhöhten Warte die ganze Pracht seines Gefieders. Ende März, Slowakei.

Haselhenne mit hellgesprenkelter Kehle und weniger kontrastreichem Gefieder im Staubbad, Böhmerwald.

Haselhahn, bei Kälte kugelförmig aufgeplustert. Deutlich sind die Merkmale zu sehen: Schwarze Kehle, rote Rosen, rostbraunes Flankengefieder. Bayerischer Wald.

Lebensraum im mittleren Böhmerwald. Im Herbst werden der bunte Wechsel von Laubgehölzen und Koniferen, aber auch die Zerstückelung des Lebensraums sichtbar.

Das erste Haselhuhnerlebnis bleibt unvergessen: Hoch über uns in einer Erlenkrone, umgeben von tief verschneiten Fichten, ertönt eine silberhelle Pfeifstrophe – ein Haselhahn markiert im eiskalten Winter sein kleines Reich mitten im polnischen Urwald. Der Gesang erinnert eher an Goldhähnchen als an die Lautäußerungen anderer Raufußhühner, und er ist leicht zu überhören im Rauschen der Bäume oder später im Jahr im Gesang der Waldvögel.

Im Urwald von Białowieża hatten wir das Glück, in Jahren mit besonders hoher Haselhuhndichte die Gesänge von 15 verschiedenen Haselhähnen mit dem Tonbandgerät aufnehmen zu können und miteinander zu vergleichen. Dabei stellte sich heraus: Die Strophen der ostpolnischen Haselhähne unterschieden sich individuell voneinander. Jeder Haselhahn bevorzugt einen Strophentyp, an dem sich die Nachbarn offenbar gegenseitig erkennen. Der Anfangsteil der Strophe besteht aus zwei langen Elementen, von denen das erste am längsten ist, der mittlere Teil aus mehreren kürzeren. Der letzte Teil setzt sich aus zwei bis drei absinkenden Kurzelementen zusammen. Diesen Schlussteil der Strophe kann der Hahn auch weglassen. Die Konstanz des Gesangs ist am Anfang am größten. Vollständige Strophen dauern im Mittel 2,2 Sekunden. Sie werden in größeren Abständen vorgetragen, selbst bei Erregung des Vogels sind die Pausen 20 bis 40 Sekunden lang oder länger.

Haselhahn im Zirbelkiefer-Fichtenwald in 1800 m ü. NN. Südtirol.

Lebensraum im Urwald von Białowieża: alte Fichten im Wechsel mit Eichen, Hainbuchen und Linden.

Nach den Gesetzen der Schallausbreitung werden hohe Töne in dichter Vegetation stärker gedämpft als tiefere. Obwohl der Haselhuhngesang aus der Nähe überraschend laut und schrill klingt, trägt er nicht weit. Der Vogel bringt ihn mit weit aufgerissenem Schnabel offenbar unter großer Anstrengung hervor, er bläht sich zur Kugel auf und der Schwanz vibriert im Takt der Strophe. Es fragt sich, warum sich das Haselhuhn Signale leistet, die bei hohem Energieaufwand eine so geringe Fernwirkung erzielen. Warum singt also das Haselhuhn so hoch wie ein Goldhähnchen? Eine Erklärungsmöglichkeit: Hohe reine Töne sind durch Feinde schlecht zu orten. Davon machen viele Singvögel in ihren Luftfeindalarmrufen Gebrauch. Die hohe Frequenz könnte also eine Anpassung an Luftfeinde sein, besonders Habicht und Sperber, die solche hohen Töne nicht gut hören. Ein Hahn könnte singen, ohne Feinden seinen Standort zu verraten. Bei Reviergesängen sollte aber – anders als bei Luftfeindalarm – für Artgenossen klar sein, dass hier ein Revierbesitzer sein Territorium markiert. Dazu müssen die Konkurrenten ihn gut hören und lokalisieren können. Ein Ausweg aus dem möglichen Dilemma: Haselhühner orten die hohen Töne genauer als ihre Feinde. Wer mit der Lockpfeife Haselhähne anlockt, ist immer wieder erstaunt, wie exakt ein Haselhahn die Schallquelle anfliegt. Wahrscheinlich darf man hier eine Kompromisslösung zwischen effektiver Reviermarkierung und Feindvermeidung vermuten.

Bei aller Theorie: Der Habicht ist dennoch der erfolgreichste Haselhuhnjäger, auch wenn nicht jeder Angriff zum Erfolg führt. Das gilt auch für das China-

Beim Hahn im Urwald von Białowieża dominieren braune Töne im Gefieder.

haselhuhn, das keinen hohen Pfeifgesang besitzt und stattdessen sein Revier mit den dumpfen „burr“-Geräuschen der Flattersprünge markiert.

Einmalig für Mitteleuropa – zunehmende Haselhuhnbestände

Erste Nachrichten über eine Zunahme und Ausbreitung des Haselhuhns im Böhmerwald verdanken wir dem tschechischen Forstmann und Ornithologen Ladislav Kučera †, der um Sušice (Schüttenhofen) die Bestandsentwicklung des Haselhuhns verfolgt hat. Er fand von 1963 bis 1971 auf 200 km^2 Kontrollfläche eine Verdoppelung der Zahl der Haselhuhnreviere von 90 auf 180. Die Arealerweiterung erklärt sich aus der Wiederbewaldung früher aufgegebener Landwirtschaftsflächen. Überlebt hatte das Haselhuhn in Rückzugsgebieten der Hochmoore, am Rande von Blockhalden und in Urwaldresten, wie im berühmten Boubin-Urwald. Die Gründe für das Erstarken der Population: Die Aussiedlung der deutschen Bewohner nach dem 2. Weltkrieg führte dazu, dass die landwirtschaftliche Nutzung in weiten Teilen des Böhmerwaldes völlig aufgegeben wurde. Zum Teil wurden die vormals genutzten Flächen der natürlichen Wiederbewaldung überlassen, und es wuchsen je nach Feuchtigkeit des Standorts erlen-, hasel-, espen- oder birkenreiche Waldbestände auf, meist im Wechsel mit Fichtenaufforstungen, die ganz im Gegensatz zur damals in Deutschland üblichen Praxis reich mit Pionierbaumarten durchmischt waren. Nach 1963 wuchsen diese jungen Waldbestände gerade in das

Singender Haselhahn. Beim hohen Pfeifgesang wird der Schnabel weit aufgerissen, die Brust aufgebläht, und der Schwanz vibriert vor Anstrengung. Südtirol.

Die Ränder von Hochmooren mit Reichtum an Beerensträuchern und guter Koniferendeckung gehören zu den dauerhaft besiedelbaren Lebensräumen im Böhmerwald.

Der gestufte, ungleichaltrige Bergmischwald des Böhmerwalds aus Tannen, Buchen und Fichten kann dauerhaft vom Haselhuhn bewohnt werden.

haselhuhntaugliche Alter hinein. Bereichert wurde der Lebensraum auch durch die Ausdehnung der im Böhmerwald ungemein verbreiteten Hecken entlang der Lesesteinwälle und Besitzgrenzen, die nicht wie in Bayern der Flurbereinigung zum Opfer fielen. Diese ausufernden Heckenstrukturen bildeten Waldkorridore, die auch isolierte Waldinseln für das Haselhuhn erreichbar machten. So kam es neben einer Erhöhung der Siedlungsdichte auch zu einer enormen Ausweitung des Haselhuhnareals im gesamten Böhmerwald; ein Zustand, der erfreulicherweise bis heute erhalten geblieben ist. Dies zeigt, dass auch zu Zeiten, in denen die Haselhühner fast überall in Europa abnehmen, die Art durchaus weiterbestehen und sogar zunehmen kann, wenn sich die Lebensräume großflächig verbessern. Auch in der Schweiz nahm der Bestandsindex seit 2000 zu.

Eine ähnliche Entwicklung vollzog sich in den französischen Südalpen im Großraum um den Gebirgsort Auzet. Dort wurden ab 1850 wegen Übernutzung, vor allem durch Entwaldung und Überweidung, ganze Siedlungsgebiete von vielen menschlichen Bewohnern auf-

Die Übergänge in der Böhmerwaldlandschaft reichen von den erlenreichen Bachsäumen über Birkenwald bis zum von Fichten und Buchen dominierten Hochwald.

gegeben. Nachdem sich die Bevölkerungsdichte stark verringert hatte, kehrte ab 1940 der Bergwald allmählich zurück und mit ihm neben anderen Waldbewohnern auch das Haselhuhn, das ca. 1960 erstmals wieder bei Auzet nachgewiesen wurde. Waldentwicklung und Haselhuhnausbreitung schreiten heute immer noch weiter fort. 1990 wurde das Tal des Verdon erreicht. Diese zunehmende Haselhuhnpopulation wurde über die Jahre verfolgt und brachte spannende neue Erkenntnisse hervor. Es stellte sich beispielsweise heraus, dass einzelne Haselhühner viel weiter wandern als bisher bekannt. Bis zu 15 km legte ein besenderter Haselhahn zurück, wobei er kleine Waldinseln und Hecken als Trittsteine nutzte, um entfernte Waldinseln zu erreichen. Bei unserem Besuch dort waren wir überrascht von der Buntheit der spontan ohne jede Pflanzung entstandenen Wälder – Buchen, Tannen, Fichten, Ahorne, Wildkirschen, Erlen, Birken, Weiden, Weißdorn, Hasel und weitere Gehölzarten in üppiger Mischung. Kein Wunder, dass sich Haselhühner dort wohlfühlen und dass ihr Bestand zunimmt.

In den französischen Südalpen um Auzet ist nach Jahrzehnten der Übernutzung der Wald mit dem Haselhuhn spontan zurückgekehrt.

Verschiedene Lebensräume

In den Weiten Asiens, in Russland, in Polen, in Skandinavien, in den Alpen, überall, wo das Haselhuhn zahlreich und ursprünglich vorkommt, lebt es im gemischten jungen Wald. Es benötigt im Winter Weichhölzer wie Erlen, Birken, Aspen, Weiden und Hasel, von deren Knospen und Kätzchen die Vögel dann vorwiegend leben. Doch kommen sie nicht ohne die Deckung der Nadelbäume aus, in die sie flüchten, um sich ihren fliegenden Feinden zu entziehen, vor allem dem Habicht. Am liebsten entfernen sie sich tagsüber nicht mehr als einige Meter von der Deckung; sind sie zu zweit, riskieren sie eine etwas größere Entfernung.

Was aber benötigen Haselhühner im Wirtschaftswald? Wir fanden sie im Böhmerwald oft in ungleichaltrigen, gestuften, mehrschichtigen Waldbeständen, d.h. sie sind nicht unbedingt Jungwaldbewohner, wie es oft in den Lehrbüchern steht. Es trifft aber die Aussage zu: „Deckung geht vor Nahrung“. Das bedeutet, dass im Bergwald die Fichte oder Tanne der wichtigste Deckungsbaum ist. Auf Fich-

oben: Imponierender Haselhahn mit Henne in der Taiga, wo die Art in allen Waldtypen in hoher Dichte auftritt. Ende April, Transbaikalien.

Mitte: Intensive Werbung eines Hahns mit gefächertem Schwanz und gespreizten Flügeln. Anfang April, Slowakei.

unten: Mit angelegter Holle, gesträubtem Kehlbart und hängenden Flügeln imponiert der Haselhahn in der fernöstlichen Lärchentaiga. Im Norden und Osten überwiegen Grautöne im Gefieder. Transbaikalien.

ten nächtigen Haselhühner gern. Was sie allerdings meiden, sind einförmige, hallenartige Bestände ohne Deckung am Boden. Die unteren Etagen der Baumschicht müssen dicht und undurchsichtig sein. Außerdem werden Fichtenmonokulturen gemieden, d.h., neben guter Deckung ist Baumartenvielfalt das wichtigste Merkmal der Haselhuhnlebensräume. Geht man im Herbst durch die unteren Hanglagen des Böhmerwaldes – etwa im Gebiet um Bergreichenstein – so ist man begeistert von der Buntheit der Wälder. So wachsen in den Tälern bis zu 14 verschiedene Baumarten neben- und übereinander. Dabei hat früher kein Forstmann im Böhmerwald je an den Schutz des Haselhuhns gedacht. Kleinflächige Nutzung – meist in Form von Kleinkahl- oder Streifenschlägen – und Belassen von Lücken und von viel Laubholz in den aufwachsenden Nadelholzpflanzungen waren das Geheimnis des böhmischen Haselhuhnvorkommens. Diese Situation hat sich über Jahrzehnte hin bis

Braune Töne dominieren im Gefieder der südlichen Haselhühner wie hier in den Alpen (Dolomiten, Südtirol). Die Eberesche wird gern genutzt, Knospen und Früchte im Herbst und Winter, Blätter im Frühling.

Alpenrose, Heidel- und Preiselbeersträucher mit Jungkiefern bilden den Unterwuchs im Arven-Fichten-Bergwald Südtirols.

heute erhalten. Erst in allerjüngster Zeit hat die intensivierte Forstwirtschaft die hoffnungsvolle Entwicklung ins Stocken gebracht. Dazu trägt die starke Vermehrung des Rothirschs bei, der die Bodenvegetation, besonders die so wichtige Heidelbeerdecke, schädigt, und leider auch die Beseitigung der so wichtigen Pionierbaumarten, um die längst überholt geglaubten Fichtenreinbestände zu erzeugen – ein Resultat forstlicher Irrlehre, in Zeiten der Klimakrise kurzsichtig und verantwortungslos. Resultat unseres dortigen, über 40-jährigen Monitorings: der Haselhuhnbestand im Böhmerwald sinkt allmählich – allerdings nur um ein halbes Prozent pro Jahr.

Je reicher der Lebensraum, umso konstanter die Nutzung durch Haselhühner

Wenn Jahr für Jahr dieselben Haselhuhnwohngebiete kontrolliert werden, erhält man leicht Antwort auf die Frage, wie konstant diese Vögel an bevorzugten Lebensraumstrukturen festhalten. Ein Teil der uns bekannten Wohngebiete ist seit Beginn unserer Kontrollen, seit 1972, fast alljährlich besetzt. Natürlich sind das nicht dieselben Individuen – Haselhühner sind kurzlebige Tiere. Vielmehr werden geeignete Lebensräume umgehend wieder neu besetzt, wenn der alte Revierbesitzer ausfällt – meist durch Beutegreifer bedingt.

Ein Wohngebiet war umso konstanter besiedelt, je reicher die Vegetation des jeweiligen Lebensraumes war. Die Wohngebiete entlang der Erlenbachtäler mit ihrer hohen Artenvielfalt in der Baum- und Strauchschicht, ihrer reichen

In den Urwäldern des Fernen Ostens nahe der Grenze zu Nordkorea lebt das Haselhuhn im artenreichen Laubwald ohne Koniferen, gemeinsam mit Amurleopard und Amurtiger.

Bodenvegetation und der beliebten Kätzchennahrung im Winter waren am häufigsten besetzt, offenbar sind sie am attraktivsten. An zweiter Stelle stehen die hasel- und birkenreichen Lagen der Mittelhänge, die sich ebenfalls durch eine hohe Artenvielfalt der Baum-, Strauch- und Krautschicht auszeichnen. Geringer ist die Konstanz der Besiedlung in Fichten-Buchenforsten bzw. in den Bergmischwaldresten. Noch unregelmäßiger sind die Bergfichtenwälder in den höchsten Lagen besiedelt. Hier ist die Eberesche die einzige Baumart, die Winternahrung für das Haselhuhn liefert. Der Vergleich der Lebensräume hat auch für Schutzmaßnahmen Bedeutung: So spielt der Schutz der Erlenbachtäler eine besondere Rolle. Ähnliches gilt auch für die Lebensräume anderer Mittelgebirge.

Besiedlung von Waldinseln

Haselhühner sind ungemein sesshafte Wesen und leiden unter der Zerschneidung und Zerstückelung ihrer Lebensräume durch Landwirtschaft, Siedlungen und Verkehrswege mehr als wanderfreudige Vögel. Sie eignen sich daher in besonderem Maße für das Studium landschaftökologischer Fragestellungen. Es stellt sich also die Frage, wie stark sich die Zerstückelung eines Lebensraums und die dadurch verursachte Isolation auf die Besiedlung durch Haselhühner auswirken. Dazu wurden Waldinseln in Schweden und im Vorland des Böhmerwaldes auf ihr Haselhuhnvorkommen geprüft. Die verschiedenen Größen der Inseln und die unterschiedlichen Entfernungen zwischen Inseln und geschlossenem Wald bzw. zwischen den einzelnen Inseln wurden dabei berücksichtigt. Wichtigstes Ergebnis: Weniger die Waldzusammensetzung als vielmehr die Isolation bestimmte das Haselhuhnvorkommen! Waldinseln kleiner als 20 ha waren haselhuhnfrei. Andererseits konnten die Vögel auch größere Inseln nicht mehr besiedeln, wenn die trennenden Offenlandbarrieren breiter als 250 m waren. Baumhecken oder bachbegleitende Gehölzsäume ermöglichten es ihnen aber, auch längere Offenlandstrecken zu überwinden. Diese Ergebnisse decken sich mit ähnlichen Befunden aus Frankreich.

Von Birken, Espen und Haselbüschen bewachsene Baumhecken auf alten Lesesteinwällen wie hier im Böhmerwald vernetzen die Lebensräume des Haselhuhns.

Beim Imponierlauf spreizt der Hahn Kehlbart und Flügel und fächert den Schwanz. Finnland.

Selten fotografiert – der Hahn landet nach dem Flattersprung. Finnland.

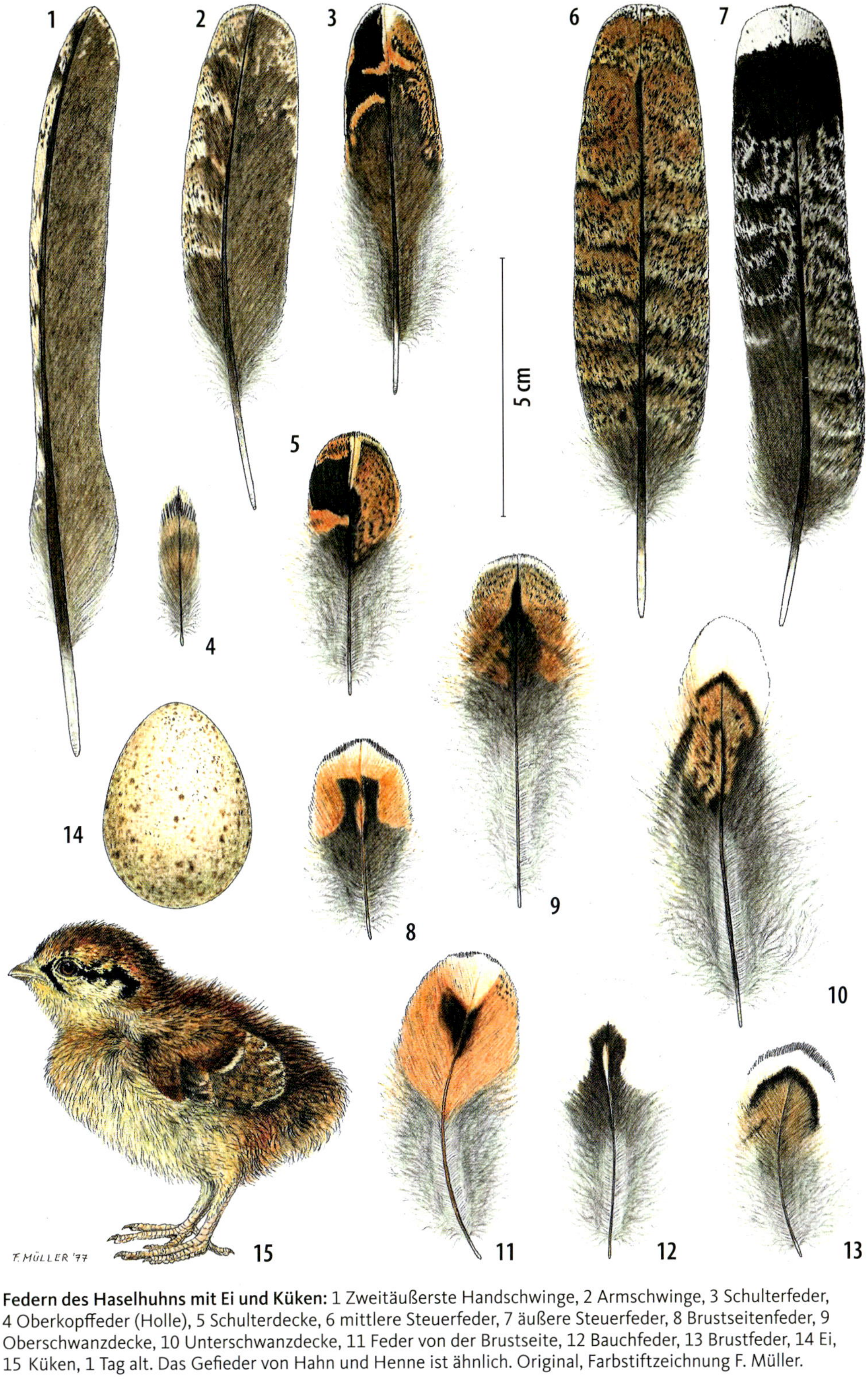

Federn des Haselhuhns mit Ei und Küken: 1 Zweitäußerste Handschwinge, 2 Armschwinge, 3 Schulterfeder, 4 Oberkopffeder (Holle), 5 Schulterdecke, 6 mittlere Steuerfeder, 7 äußere Steuerfeder, 8 Brustseitenfeder, 9 Oberschwanzdecke, 10 Unterschwanzdecke, 11 Feder von der Brustseite, 12 Bauchfeder, 13 Brustfeder, 14 Ei, 15 Küken, 1 Tag alt. Das Gefieder von Hahn und Henne ist ähnlich. Original, Farbstiftzeichnung F. Müller.

Fakten Haselhuhn *Tetrastes bonasia* (Keyserling & Blasius 1840)

Areal

Nahezu geschlossenes transpaläarktisches Areal, von Mitteleuropa bis Nordost-Sibirien, der nördlichen Waldgrenze folgend; die Art fehlt auf Kamtschatka. Im russischen Fernen Osten vier durch Gebirge isolierte Teilareale in den Flusstälern von Indigirka, Kolyma, Omolon und Großem Anjui. Südliche Grenze den Nadel-Mischwäldern folgend, hier oft an Gebirge gebunden. In Europa sind u. a. Waldkarpaten, Karpatenbogen, Balkangebirge, Gebirge der Slowakei und Südpolens (Beskiden), die Alpen und der französische und schweizerische Jura besiedelt. In Deutschland liegt das Hauptvorkommen außer im Alpenanteil im Böhmisch-Bayerischen Wald. In der Schweiz sind nur das Mittelland und die Alpen oberhalb der Baumgrenze unbesiedelt. Für die westlichste Unterart *T. b. rhenana* fehlen (bis auf letzte Reste in den Vogesen) neue Nachweise. Die südöstliche Unterart *T. b. amurensis* lebt regional in Laubmischwäldern ohne Koniferen.
Verbreitungskarten: Bergmann et al. (1996), Klaus et al. (2003).

Kennzeichen

Rebhuhngroßer Hühnervogel mit geringem Geschlechterunterschied in Gewicht (Hahn 360–430g, Henne 360–420g) und Färbung. Hahn mit schwarzer, weiß umrandeter Kehle. Die Kehle der Henne ist gelblich oder hellbraun gefärbt, ihr Gefieder weniger kontrastreich als das Hahnengefieder. Beide tragen eine schwarz-weiße Schwanz-Endbinde. Im Norden und Osten sind die Vögel insgesamt grauer als im Süden und Westen des Areals.

Balz, Lautäußerungen

Paarbildung im Herbst oder Frühjahr, keine Arenabalz. Vokales Lautrepertoire formenreich und differenziert. Revierdemonstration durch burrende Flattersprünge und Revierflüge, Reviergesang des Hahns: hohe Pfeifstrophe (6,5–8 kHz), Weibchengesang von ähnlichem Rhythmus, doch rauer und tiefer. Alarmruf beider Geschlechter: „Plittern". Daneben eine Vielzahl z. T. sehr leiser Rufe der Kommunikation der Partner und zwischen Henne und Küken.

Brutbiologie

Eizahl 7–10, von Nord nach Süd zunehmend. Eine Jahresbrut. Nest gut getarnt, oft am Fuße eines Baumes (Rückendeckung). Brutdauer 25 Tage. Meist 2 Brutpausen

links: Die brütende Haselhenne ist am Stammfuß der Birke gut getarnt. Białowieża, Polen.

rechts: Das Nachgelege enthält nur vier Eier. Białowieża.

pro Tag, vor- und nachmittags. Mittlere Brutpausenlänge 22–26 min, insgesamt 5 % Abwesenheit während der Brutperiode.

Schlupf: Im Mittel um 25. Mai im Schwarzwald, 24. Juni in Lappland. Henne führt die Küken allein, Hahn gelegentlich in der Nähe. Auflösung der Mutterfamilie schrittweise im September. Winterliche Gruppenbildung im Norden und Osten des Areals, nicht in Mitteleuropa.

Lebensraum, Nahrung

Typischer Bewohner borealer Wälder, mehrfach in den Zwischeneiszeiten dem Nadelwald folgend von Ostasien bis Westeuropa eingewandert, wo es mindestens nördlich der Alpen mehrmals ausstarb. Besiedlung der Nadel- und Mischwaldgebiete großflächig bis zur Baumgrenze. Sonderfall: Niederwälder ohne Koniferen, wo die westliche Unterart *T. b. rhenana* (bis auf Reste in den Vogesen) nicht mehr nachweisbar ist.

Bewohner der Strauch- und unteren Baumschicht, angepasst an die jüngsten Sukzessionsstadien der Waldentwicklung. Langfristig nutzbar: ufernahe Waldteile und alte Wälder in der Zusammenbruchphase, Lückenbewohner. Enge Nachbarschaft von kätzchentragenden Pioniergehölzen (Winternahrung) und Koniferen (Schutz vor Feinden) prägen den Lebensraum im gesamten Areal. Sommernahrung: viele Arten der Bodenvegetation, Gräser, Kräuter, Heidekrautgewächse, Beeren und Früchte. Insekten sind unverzichtbar für die Kükenaufzucht.

Siedlungsdichte, Ortsbewegung

Siedlungsdichte im Frühjahr (Ind./km^2) zwischen 1 (West- und Mitteleuropa) und 30 (Finnland, mittlere Taigazone Russlands). Im Neuenburger Jura 3,3–3,7 Reviere/km^2, ähnliche Werte im Böhmerwald.

Sesshafte Vögel („poor disperser"), Wanderdistanzen: Altvögel in Schweden 368 ± 44 m, Jungvögel 1.225 ± 261 m. Bereits 200–250 m waldfreies Offenland behindern die Ausbreitung. Kleinräumige Wechsel zwischen den im Jahresgang unterschiedlichen Habitaten. Nur wenige Individuen wandern weiter und sorgen für genetischen Austausch. Im Norden und Osten des Artareals Winterflüge aus Hähnen und Hennen, die in einem größeren Raum agieren. Reviergrößen < 10 ha in optimalen Habitaten Sibiriens, 20–80 ha in Mitteleuropa.

links: Das Haselhuhnküken ist nur wenige Tage alt. Mitte Juni, Finnland.

rechts: Haselhuhnküken Ende Juni, ca. 4 Wochen alt – typisch ist die drosselartige Fleckung der Brust.

Chinahaselhuhn

Ein Hühnervogel im chinesischen Bergwald

Das Chinahaselhuhn ist das kleinste, am weitesten südlich lebende und im Gebirgswald bis auf 4200 m ü. NN am höchsten aufsteigende unter allen Raufußhühnern der Alten Welt. Nach neuesten Erkenntnissen der Phylogenetik, der stammesgeschichtlichen Forschung, steht es der Urform der Raufußhühner am nächsten, gefolgt vom Haselhuhn. Es ist nur in China heimisch und besiedelt dort voneinander isolierte Gebiete in den Gebirgsnadelwäldern Zentralchinas. Es ist durch Entwaldung und die dadurch bedingte Zerstückelung des Lebensraums hochgradig bedroht. Im Gegensatz zum Haselhuhn verfügt es nicht über einen Pfeifgesang, sondern setzt instrumentale Laute – burrende Flattersprünge und Revierflüge – zur Demonstration des Reviers ein. In vieler Hinsicht stimmt es mit dem Haselhuhn überein: Tarngefieder, Ernährung mit Weidenknospen im Winter, Bodennahrung im Sommer, paarweises Leben im jungen Mischwald. Es steht im Roten Buch der Vögel Chinas und gilt neben dem Großen Panda als Symbol für den Schutz der artenreichen Gebirgswälder im Reich der Mitte. Ende der 1980er-Jahre bestanden Zweifel, ob die von Nikolai von Przewalski 1872 entdeckte Haselhuhnart überhaupt noch existiert, bis u. a. eine Population im Naturreservat Lianhuashan entdeckt wurde, dessen Gebirgs-Nadelwälder sich rund um den gleichnamigen 3578 m hohen Tempelberg buddhistischer Lamas erstrecken. Alle neuen Erkenntnisse stammen aus intensiver Forschung in diesem Schutzgebiet in der Provinz Gansu.

◂Hahn in voller Imponierhaltung mit gesträubtem Bart, angelegter Holle und gefächertem, leicht gehobenem Schwanz: Man beachte die nackten Läufe – ein Raufußhuhn ohne raue Füße.

Chinahaselhenne mit heller, braun gesprenkelter Kehlfärbung. Die Kehle kann gelegentlich auch dunkler sein.

Im Lianhuashan-Reservat in der Provinz Gansu wurde in intensiver Freilandforschung das moderne Wissen über diese bedrohte Art gewonnen. Der 3578 m hohe Tempelberg (Lotosblume-Berg) thront über dem heute streng geschützten Gebirgswald.

Akrobat im Weidengebüsch

Der erste Anblick eines Chinahaselhuhns im April 1995 bleibt in Erinnerung – der schneebedeckte Pfad führt durch dichtes 3–5 m hohes Gebüsch aus mindestens zehn verschiedenen Weidenarten, daneben vielen anderen Straucharten und Pfeilbambus, gesäumt von alten Tannen und Fichten. Plötzlich erstarrt unser chinesischer Freund Fang Yun – nur wenige Meter entfernt entdeckt er ein Huhn im dünnen Gezweig der noch blattlosen Weiden. Es dauert eine Weile, bis unser ungeübtes Auge den Vogel wahrnimmt. Das feine Strichel- und Fleckenmuster aus unterschiedlich braunen, schwarzen und hellen Tönen, dazu die dunkle Querstreifung der Flanken und die fuchsrote Holle tarnen den Vogel im dichten Gezweig hervorragend. Erst als er sich wendet, erkennen wir den Hahn an seinem schwarzen, weiß umrandeten Kehlfleck und den wunderbar roten Überaugenwülsten, den „Rosen". Er balanciert auf den sich biegenden Weidenruten, hängt oft kopfunter und verdreht den Hals nach allen Richtungen, um die winzigen Weidenknospen abzuknipsen. Hin und wieder werden mit blitzschnellem Flattern die Flügel beim Klettern und Balancieren benutzt. Der lange Schwanz liegt gelegentlich als Stütze dem Sitzzweig auf, die kräftigen Zehen halten den runden Hühnerkörper

oben: Die Forschungsstation Shaketan auf 2900 m Seehöhe im Herzen des Lianhuashan-Schutzgebiets.

Mitte: Mit akrobatischen Kletterkünsten knipst der Hahn winzige Knospen von den schwankenden Weidenzweigen ab.

unten: Mit verdrehtem Kopf vermag er auch entferntere Knospen zu erreichen.

geschickt im Klammergriff an den elastischen Zweigen. Die Kletterfähigkeit im dünnen Gezweig ist beeindruckend. An anderer Stelle entdecken wir ein zweites Huhn, das in einer Weide allmählich vom Boden nach oben klettert und dort mit der Nahrungsaufnahme in gleicher Weise beginnt. Abends und morgens lassen sich Chinahaselhühner leichter als zu anderen Tageszeiten entdecken und beobachten. Beim intensiven Fressen vor der Nachtruhe sind sie so beschäftigt, dass sie ihre Fluchtdistanz auf wenige Meter reduzieren; sonst beträgt sie individuell schwankend etwa 20 bis 50 m. Sie ist dennoch allgemein viel geringer als bei unserem mitteleuropäischen Haselhuhn. Manchmal konnten wir unter einem intensiv fressenden Huhn hindurchgehen, das nur zwei bis drei Meter über unseren Köpfen aushielt. Allerdings stört der Mensch: Hahn wie Henne äußern dann ein leises „Plittern“, eine auch vom heimischen Haselhuhn bekannte Äußerung der Erregung, die das menschliche Ohr gerade noch aus zehn Metern Entfernung erreicht.

Gefangen in Bergwaldinseln

Nicht nur das Schwinden von Lebensräumen, sondern auch ihre Zerstückelung gilt heute als eine Hauptursache für den Rückgang oder das Aussterben von Arten. Oft mangelt es aber an tiefgreifenden Analysen. Am Beispiel des sesshaften Chinahaselhuhns haben wir eine solche quantitative Untersuchung in Angriff genommen. Das Areal dieser Art ist in vielfältiger Weise zerteilt. Selbst in der Hochgebirgs-Provinz Sichuan sind die noch

Die Waldlandschaft im Lianhuashan-Gebirge ist vielfach fragmentiert. Die Südhänge am Pferderücken (Mache shan) sind als Viehweide seit Jahrhunderten entwaldet. Die Nordhänge tragen Gebirgsnadelwald, der durch Kahlschläge zu Mao-Zeiten teils zersplittert wurde. Die Wiederbewaldung schafft für das Chinahaselhuhn beste Bedingungen.

An diesem Berghang ist ein großer Koniferen-Bestand aus mehreren Tannen- und Fichtenarten erhalten geblieben. Eine Vielfalt von Weidenarten bietet dem Chinahaselhuhn ideale Nahrung.

Im Herbst wird die bunte Vielfalt der Baumarten und die Verzahnung von Nadel- und Laubwald deutlich, vor dem steilen Kalkfels der Dreischwestern (Jiemei shan).

bewaldeten Bergstöcke durch Siedlungen mit ausufernder Landwirtschaft in Tälern und an Steilhängen voneinander getrennt. Eine wenig mobile Hühnerart gerät dadurch leicht in Isolation. Das hat genetische Nachteile, denn die Gefahr von Inzucht nimmt zu. Außerdem kann eine isolierte Kleinpopulation durch Zufallsereignisse aussterben, ohne dass ihr Gebiet von außen wieder neu besiedelt werden kann. Und drittens steigt der Feinddruck, weil Fressfeinde aus dem Offenland leichter in fragmentierte Wälder eindringen können.

Da die Verluste an Waldlebensraum rascher fortschreiten als die Aktualisierung topografischer Karten, sind Satellitenbilder das Mittel der Wahl, um die noch bestehenden Lebensräume, ihre Größenklassen und Isolierungsgrade abzuschätzen. Auch schwer zugängliche Gebirgsregionen können so leichter erfasst werden. Am Beispiel des Lianhuashan-Reservats und seines Umfeldes, des Yeliguan-Forstparks, haben wir

in einem Landschaftsausschnitt von 120.000 ha den Vorrat an Nadelwald-Lebensraum des Chinahaselhuhns, die Größe der Waldinseln und ihre Abstände zueinander ermittelt und kartiert. Die Zersplitterung der Bergwälder entstand bereits historisch durch uralte Rodungen und Weidebetrieb, die den Wald auf die Nordhänge der Berge zurückdrängten, und durch z. T. großflächige Kahlschläge in der Neuzeit. Nach dem Kahlschlag entwickelt sich ohne Pflanzung allmählich ein Pionierwald aus Birken, Weiden- und anderen Laubbaumarten mit vielen Straucharten. Erst Jahrzehnte später kehren allmählich auch Nadelbäume spontan zurück, aber nur, wenn Samenbäume noch vorhanden sind. Die Analyse lieferte ein ernüchterndes Bild: 60 % der verbliebenen 4000 ha Nadelwaldfläche waren in Waldfragmente kleiner als 10 ha zersplittert. 15 % waren zwischen 10 und 20 ha groß. Nur ein Viertel aller Inseln waren größer. Der Mittelwert aller Inseln erreichte nur 18 ha.

Bei den größeren Mischwaldinseln betrug der Mittelwert 40 ha, darin überwogen Gebüsche und Laubbäume mit geringen Anteilen von Nadelbäumen. Immerhin war hier ein Drittel der Waldinseln größer als 10 ha, darunter maßen die drei größten Waldflächen je etwa 2.000 ha.

Mittels besenderter Vögel wurde in den besten Habitaten die Reviergröße eines Chinahaselhuhnpaares mit nur 3 ha bestimmt. Somit könnte unser Huhn auch die kleineren Fragmente besiedeln, wenn sie in erreichbarer Distanz von anderen besiedelten Waldteilen liegen. Durch die Suche nach Hühnern in unterschiedlich weit voneinander entfernten Waldfragmenten bestimmten wir die kritische Distanz, die wandernde Vögel noch überwinden können. Mehr als die Hälfte der besiedelten Waldfragmente war weniger als 300 m von der nächsten besiedelten Waldinsel entfernt, bei 96 % der besiedelten Inseln betrug die Entfernung weniger als 600 m. Das lieferte dem chinesischen Naturschutz das Wissen, um Offenlandbarrieren durch Aufforstung mit Nadelbäumen zu überwinden. Die Wiederbewaldungs-Aktionen für den Schutz des Chinahaselhuhns und anderer wenig wanderfreudiger Waldarten wurden bereits begonnen, und sie werden weitergeführt.

Bei Gefahr, zum Ruhen und Schlafen werden Nadelbäume aufgesucht. Sie sind besonders in der laubfreien Zeit unverzichtbar. Die fuchsrote Haube des Hahns leuchtet im Gegenlicht.

Revierverhalten im Frühjahr und Herbst

In Tagen, Wochen und Monaten der Beobachtung zu allen Jahreszeiten konnten wir viele Daten zur Aktivität der Hüh-

Im Herbst sind die weißen Fruchte der Ebereschenart *Sorbus khoeniana* beliebt.

Hahn in Alarmhaltung, die auch beim Kampf eingenommen wird: gespreizte Holle und eng angelegtes Körpergefieder.

ner gewinnen. Kennt man ihre Aktivitätszeiten über den Tag, erhöht das die Beobachtungschancen. Mit dem Abflug vom Schlafbaum, meist einer dichten Fichte, werden die Vögel am frühen Morgen aktiv. Ihre Tagesaktivität endet wiederum mit dem Aufsuchen des Schlafbaums. Gelegentlich wechseln die Hühner auch, bis der sicherste Platz gefunden ist. Wie bei anderen Raufußhühnern und sonstigen tagaktiven Vögeln fanden wir eine zweigipflige Verteilung der Nahrungsaufnahme, aber auch der Balzhandlungen wie Flattersprünge, Revierflüge und Grenzkonflikte der Hähne.

In den Mittagsstunden zwischen 11 und 14 Uhr Ortszeit halten die Vögel meist Ruhe. In der trockenen Jahreszeit nehmen sie in dieser Ruhephase gern Staubbäder. Im Frühjahr und Herbst gleichen sich zwar die Aktivitätsmuster, es gibt aber auch Unterschiede: So sind Flattersprünge im Frühjahr viel zahlreicher als im Herbst, während Revierkonflikte im Herbst relativ häufiger zu beobachten sind. Manchmal treffen zwei Hähne auf einem Ebereschenstrauch aufeinander, dessen weiße Früchte sehr beliebt sind, oft aber auch am Boden. Drohen mit hoch aufgerichteter Holle, Verbeugungen und Verfolgungsjagden im dichten Weidengestrüpp sind dann die Regel. Begleitet wird der Revierstreit von einem quiekenden Kampfgesang, der im Wechsel von beiden Hähnen vorgetragen wird, sowohl am Boden als auch im Gezweig der Nahrungsbäume.

Warum wenden die Hähne im Herbst so viel Energie zur Revierverteidigung auf, wenn bald danach im Frühwinter mit dem ersten Schnee das Reviersystem aufgegeben wird und sich die Hühner zu unterschiedlich großen Wintergruppen zusammenschließen? Vorerst konzentrieren sie sich in den fruchtenden Sanddorngebüschen der Südhänge, aber auch in beliebten Weidendickichten. Die Gruppenbildung ist offenbar eine Reaktion auf die Bedrohung durch die zahlreichen Fressfeinde, besonders den Habicht – viele Augen sehen mehr als zwei. Gleiches ist auch vom Haselhuhn im Norden und Osten des Areals bekannt.

Im zeitigen Frühjahr verlassen die revierbesitzenden Männchen als erste die Gruppe und nehmen oft das im Herbst erkämpfte Revier wieder ein. Für sie hat sich die Reviergründung

oben: Revierstreit zweier Hähne im Oktober. Oft sind Nahrungssträucher an der Reviergrenze der Auslöser des Aufeinandertreffens. Wie beim streitenden Haselhahn sind die Kopffedern aufgerichtet.

Mitte: Beim Flattersprung, oft mit Drehung, wirkt die schwarz-weiße Schwanzzeichnung als auffälliges Signal.

unten: Intensive Werbung: Der breit gefächerte Stoß des Hahns wird selten aufgerichtet, meist sieht man die schräge Haltung.

und dessen Verteidigung im Herbst sicher gelohnt. Die burrenden Flattersprünge, oft mit einer Drehung beim Landen, sind die auffälligste Form der Reviermarkierung. Dann folgt die Werbung um die Henne mit Niederhocken und seitlichem Kopfschwenken beider Partner.

Besonderheiten des Brütens

Chinahaselhennen legen ihre Nester meist gut versteckt in Fichten-Tannenwäldern mit guter Deckung am Waldboden an. 1999–2001 wurden im Lianhuashan-Schutzgebiet Legen und Brutrhythmus an 20 Nestern mit Hilfe von kleinen Thermo-Loggern untersucht, die über Temperaturmessung die An- und Abwesenheitszeiten der Bruthenne registrieren. Während der gesamten Brutzeit von 27 Tagen betrug die reine Inkubationszeit 94 %. Dabei verließ die Henne im Mittel rund fünfmal (Spanne drei- bis siebenmal) pro Tag ihr Gelege, um Nahrung aufzunehmen und die klumpige Brutlosung abzugeben. Dies geschah häufiger als beim Haselhuhn, das sein Nest nur zwei- bis dreimal pro Tag verlässt, auch häufiger als bei anderen Raufußhühnern. Die Brutpausen dauerten im Durchschnitt rund 20 Minuten. Bei kühlerer Temperatur verließ die Chinahaselhenne ihr Nest zwar häufiger, die Abwesenheitszeiten waren aber kürzer. Auch im Laufe der Bebrütung wurden die Pausen immer kürzer. Das gesamte Verhalten lässt vermuten, dass die physiologische Belastung während der Lege- und Brutphase erheblich ist. Die mit Loggern bestimmte Brutdauer von 27–29 Tagen könnte durch nächtlich angreifende

Im Tannen-Fichtenwald mit Lücken und reicher Strauchschicht legen die Hennen gern ihr Nest an, meist am Fuß eines Baumes.

Beutegreifer verlängert worden sein. Die Methode erlaubt auch Rückschlüsse auf die Ursachen der hohen Nestverluste: 9 von 20 Nestern wurden durch nachtaktive Raubsäuger (Sibirisches Wiesel und Dachs) zerstört. Manchmal verließen die Hennen ihr Nest mehrfach nachts und kehrten zurück, wenn nur einzelne Eier geraubt worden waren. Angriffe des Sibirischen Wiesels auf Henne und Küken konnten wir mehrfach beobachten.

Lebensraum geteilt mit anderen Hühnervögeln

Das Chinahaselhuhn ist das einzige Raufußhuhn, das seinen Lebensraum natürlicherweise mit farbenprächtigen Fasanenarten teilt: Blauer und Weißer Ohrfasan, Ringfasan und Blutfasan. Nahe der oberen Waldgrenze im Dickicht der zahlreichen Rhododendron-Arten kommt außerdem das kaum erforschte Keilschwanzhuhn dazu. Während die drei erstgenannten Arten mehr die offenen Weiden- und Gebüschzonen bevorzugen, lebt der Blutfasan in engs-

Im Mittel fünfmal täglich, häufiger als andere Raufußhennen, verlässt sie zur Nahrungssuche das Nest.

Die brütende Chinahaselhenne ist in dichter Bodenvegetation gut getarnt.

ter Nachbarschaft mit dem Chinahaselhuhn. Sandbäder, Tränken und Verstecke werden sogar gemeinsam benutzt. Nahrungsökologisch besetzen beide Arten aber getrennte Nischen. Der Blutfasan ernährt sich im Winter, wenn die Bodennahrung knapp wird, von Moosen und Blättern des Dunkelgrünen Schirmbambus. Das Chinahaselhuhn frisst Knospen, Triebe und Kätzchen der Weidenarten in der Strauch- und Baumschicht.

Während der Kükenaufzucht benötigen aber alle Arten Insekten, die offenbar in ausreichender Menge verfügbar sind. Die extensive Waldweide durch Yaks mag hier förderlich sein: Die Hühner mit ihren nässeempfindlichen Küken nutzen in Regenzeiten sogar die Trampelpfade der großen Pflanzenfresser, und der Kot erhöht das Insektenangebot in der frühen Aufzuchtperiode.

Trotz der günstigen Nahrungssituation ist die Vermehrungsrate des Chinahaselhuhns im Lianhuashan-Schutzgebiet relativ gering. Das liegt an hohen Nest- und Kükenverlusten durch zahlreiche Feinde (u.a. Habicht, Sperber, Dachs und Sibirisches Wiesel), aber auch an den starken Monsunregen zur Aufzuchtzeit.

oben: Mitbewohner im Lebensraum des Haselhuhns: Eine Gruppe Blauer Ohrfasane quert vorsichtig den Forstweg. Lianhuashan.

Mitte: Auch der Weiße Ohrfasan des Tibetplateaus lebt in Gemeinschaft mit dem Chinahaselhuhn.

unten: Im Lianhuashan teilt auch der farbenfrohe Blutfasan, hier ein Männchen, den Lebensraum mit dem Chinahaselhuhn.

Federn des Chinahaselhuhns: 1 zweitäußerste Handschwinge, 2 Armschwinge, 3 Schulterfeder, 4 Oberkopffeder, 5 Decke aus dem Schulterbereich, 6 Oberhalsdecke, 7 Mittlere Steuerfeder, 8 Außensteuerfeder, 9 Unterschwanzdecke, 10 Oberschwanzdecke, 11 Brustseitenfeder, 12 Bauch-Flankenfeder, 13 Brustfeder, 14 Ei, 15 eintägiges Küken. Das Gefieder von Hahn und Henne ist ähnlich. Original, Farbstiftzeichnung F. Müller.

Fakten Chinahaselhuhn *Tetrastes sewerzowi* Przewalski, 1876

Areal

Von Nikolai M. von Przewalski 1872 im Datong Shan-Gebirge (Gansu, China) entdeckt, wo die Art in ihrer Nominatform *T. sewerzowi sewerzowi* noch heute lebt. Die zweite Unterart *secunda* lebt südlicher in den weit verstreuten Gebirgswaldresten der Provinzen Gansu, Quinghai, Sichuan, NW-Yunnan und E-Tibet. Das kleinere nördliche Siedlungsgebiet ist durch ein mehrere Hundert km breites waldfreies Gebiet um den Gelben Fluss von dem größeren südlichen Areal getrennt. Verbreitungskarten: Klaus & Sun (2003), Klaus et al. (2009).

Kennzeichen

T. sewerzowi gehört in die nächste Verwandtschaft unseres Haselhuhns, dem es nach Morphologie (Größe, Gewicht, teilweise auch Zeichnung und Färbung) und Ökologie (Ernährung, Habitatstruktur) sehr ähnelt. Es steht an der Basis des Raufußhühnerstammbaums. Auffälligste morphologische Besonderheit: der tiefschwarze, weißgebänderte, stark gerundete Schwanz. Weibchen mit heller bis brauner Kehle, weniger kontrastreich. Die Federholle ist bei beiden Geschlechtern fuchsrot gefärbt. Die roten Rosen sind im Frühjahr und Herbst auffällig.

Lebensraum, Nahrung

Koniferenreiche Gebirgswälder. Koniferen (meist Fichten- und Tannenarten) bieten dem Chinahaselhuhn die nötige Deckung vor Feinden, eingesprengte Weichlaubholzarten, überwiegend Weiden, stellen die bevorzugte Winter-, z. T. auch Sommernahrung dar, Weidenspezialist. Früchte des Sanddorns und einer Eberesche nart sind beliebt im Herbst und Winter; im Sommerhalbjahr Kräuter, Gräser, Früchte, Beeren, aber auch Weidenblätter.

In NW-Yunnan und SW-Sichuan steigen die Vögel im Sommer bis in die Rhododendron-Krummholzzone auf 4200 m auf. Im Lianhuashan kommen sie zwischen 2400 und 3500 m vor.

links: In der Monsunzeit sind Regenfälle häufig. Dann führt die Henne ihre nässeempfindlichen Küken gern an die trockeneren Wegränder.

rechts: Das Gelege mit meist sechs Eiern bleibt oft unbedeckt und ist durch Nesträuber gefährdet.

Balz, Lautäußerungen

Balz je nach Höhenlage Mitte April bis Mitte/Ende Mai. Wichtigste Lautäußerung bei der Revierdemonstration: dumpf burrende zweisilbige Flattersprünge, meist vom Boden aus gestartet. Weitere instrumentale Laute im Dienste der Revierdemonstration: Revierflüge, bei denen leise Gleitphasen und geräuschvolle Flügelschlagserien abwechseln. Territoriale Auseinandersetzungen der Hähne werden von einem mehrsilbigen, quiekenden vokalen Aggressiv-Gesang begleitet. Kampfverhalten: Kopfnicken der sich gegenüberstehenden Rivalen, Hochspringen mit Hackbewegungen und Flügelschlägen, immer mit hoch aufgestellter Holle, und rasende Verfolgungsläufe. Vor der Henne Imponierläufe mit breit gefächertem Schwanz und abgespreizten Flügeln, immer mit angelegter Holle. Vor der Paarung Niederhocken und rhythmisches Kopfschwenken beider Partner (wie Haselhuhn).

Siedlungsdichte, Wanderungen

Siedlungsdichte: 1–12 Individuen/km^2, im Frühjahr maximal 17 Vögel/km^2 in den Optimalhabitaten des Lianhuashan-Reservats. Chinahaselhühner sind sesshaft. Bei hoher Dichte wird im Herbst die Revierstruktur aufgelöst, es bilden sich Winterflüge, maximal 14 Vögel, die ein erweitertes Umfeld mit Sanddorn- und Weidengebüschen nutzen. Besenderte führende Hennen bewegten sich maximal 2–4 km weit vom Zentrum ihres Wohngebiets weg. Hohe Mobilität der Mutterfamilien dient der Feindvermeidung.

Bedrohung, Schutz

Die zunehmende Verinselung der Lebensräume im Bergwald Chinas ist durch Waldrodung, Ausdehnung der Landwirtschaftsflächen und durch fortdauernde Hebung des Himalaja und des Tibetplateaus bedingt. Das aktuelle Verbot des Einschlags von Naturwäldern in Sichuan und Gansu könnte dem entgegenwirken. Außerdem bieten alle großen Bergwaldschutzgebiete für den Großen Panda neben dem Schutz unzähliger Pflanzen- und Tierarten auch dem Chinahaselhuhn Lebensraum.

links: Das Küken flattert im Alter von einer knappen Woche bei Gefahr schon ins Gezweig.

rechts: Mit zehn Tagen erreichen die Spitzen der schnell wachsenden Flügel schon das Körperende.

Sichelhuhn

Wundervogel der Amurtaiga

Das Sichelhuhn bewohnt nur ein kleines Areal im Fernen Osten Russlands. Bis vor kurzem war es nahezu unerforscht, anders als seine Geschwisterarten, die Fichtenhühner. Intensive Forschung in den schwer zugänglichen Taigawäldern am Amur begann erst ab 1990. Heute sind viele Wissenslücken geschlossen. Sichelhühner sind Charaktervögel der von Fichten und Tannen beherrschten Dunkelnadeltaiga. Fichtennadeln bilden ihre ausschließliche Winternahrung, mit dem Austrieb im Frühling kommen Lärchennadeln, später auch Bodenpflanzen hinzu. Sichelhühner zeigen wie ihre amerikanischen Geschwister keine Scheu vor dem Menschen. Das macht sie zu „Wundervögeln der Taiga". Aber sie verstehen es meisterhaft, sich im Nadelgezweig zu verstecken. Erst die spektakuläre Balz am Boden, mit Heulgesang und Flügelzittern, gefolgt von Dreh- und Geradeaussprüngen, macht die Hähne auffällig. Ihre Balzreviere nehmen sie einzeln in Anspruch, bei hoher Dichte kommt aber auch Gruppenbalz vor. Rücksichtslose Kahlschlagwirtschaft bedroht ihren Lebensraum heute in zunehmendem Maße. Das Sichelhuhn steht im Roten Buch der Vögel Russlands. Im angrenzenden Teil Chinas ist die Art bereits ausgestorben.

▼ Sichelhenne: Im Tauschnee bilden die Ameisenhügel besondere Anziehungspunkte nach dem langen Winter; Ameisen liefern die erste eiweißreiche Insektennahrung. Myochan, Amurregion.

▶ Sichelhahn in Imponierpose auf seinem Balzplatz im Urwald des Fernen Ostens Russlands. Sichote-Alin-Gebirge.

Im Myochan-Gebirge, 100 km vom Gorin entfernt, wurden Sichelhühner in den Jahren 2014–2016 untersucht.

Die im Eigenbau errichtete Blockhütte in der Ochotskischen Taiga am Fluss Gorin bildete die Basis für mehrjährige Feldstudien 1994–1996, zuletzt 2015, am Sichelhuhn.

Verborgenes Leben in der Dunkelnadeltaiga

Die Suche nach dem Wundervogel der Taiga am Amur ist voller Abenteuer. Der russische Jeep, der uns am Ende des Forstwegs mit Ausrüstung und Proviant für mehrere Wochen abgesetzt hat, wendet und entschwindet unseren Blicken. Einige Kilometer Gepäckmarsch im Tauschnee liegen vor uns. Am Abend ist die Suche nach dem günstigsten Platz für das Zelt angesagt, nahe am Wasser und mitten im Lebensraum des Sichelhuhns. Man muss Vladimir Arsenjews Buch „Dersu Usala" über seine Forschungsreisen im Sichote-Alin-Gebirge gelesen haben, um einen Eindruck vom dunklen, flechtenbehangenen, von Fichten, Tannen und Koreakiefern geprägten Urwaldlebensraum zu erhalten, worin sich das Sichelhuhn verbirgt: prachtvolle Nadelmischwälder mit großen Mengen toter Bäume, stehend oder liegend in allen Stadien des Zerfalls, im Wechsel mit jungen oder alten Brandflächen voller Verjüngung, mit Mooren, Wildflüssen und Bächen. Hier werden jede Fortbewegung und die Suche nach dem meist einzeln und unauffällig lebenden Hühnervogel zur Herausforderung. Jetzt zur Balzzeit, wenn die Vögel am aktivsten sein sollen, erschwert tauender Tiefschnee zusätzlich das Auffinden der Hühner. Immerhin besser als im Frühling und Sommer, dann wird der Forscher von Myriaden von Mücken, Fliegen, Bremsen und Zecken gepeinigt, und im Winter fallen die Temperaturen oft bis –50 Grad ab, bei ergiebigen Schneefällen. Freund Sasha Andreev hat das Gebiet im tiefsten Winter entdeckt und unter solchen Extrembedingungen auch erstmals die Vögel hier gefunden. Dass wir sie wiederentdecken und hoffentlich auch ein

links: Hier hat ein Sichelhahn seine Spur im Tauschnee hinterlassen. Die Mittelzehe ist auffallend lang.

rechts: Der walzenförmige Kot ohne weißes Harnsäureende stammt aus der Schneehöhle und deutet auf eine gestörte winterliche Stickstoff-Balance hin. Bei reicherer Nahrung im Frühling tritt der Harnsäureüberzug wieder auf.

Balzareal, können wir nur hoffen. Vorerst besteht unsere Chance nur in der Suche nach indirekten Anzeichen ihrer Anwesenheit und dem Lauschen nach ihren Lautäußerungen wie Flügelburren oder dem wenig lauten Balzritual, das am frühen Morgen, noch in der Dämmerung, beginnt.

Wir haben aber Glück. Bereits am ersten Morgen, in einer Lücke im Urwald aus Ajanfichten und Weißrindentannen, finden wir Kothaufen, die aus einer Schneehöhle ausgetaut sind. Die Losungswürstchen sind im Winter lang, gekrümmt und dunkelgrün ohne den weißen Harnsäureüberzug am Ende. Sie bestehen ausschließlich aus Resten von Fichtennadeln, der alleinigen Winternahrung. Erst am nächsten Tag finden sich endlich frische Fußspuren im Schnee, denen wir folgen. Das Huhn hat einen Ameisenhügel besucht, dessen Kuppe aus dem Schnee ragt. Alter und frischer Kot beweisen, dass die Hühner häufiger herkommen, um nach dem langen Winter Ameisen als erste eiweißhaltige Kost zu fressen.

Das zahme Huhn

Plötzlich Flügelburren – eine Sichelhenne startet aus dem Staubbad unter einem Wurzelteller. Sie landet nur zwei Meter hoch in einer dichten Fichte und versteckt sich im Inneren des Gezweigs. Ihr aufgeregtes Schwanzspreizen erzeugt ein leises, zweisilbiges Raschelgeräusch wie „bürr-bürr“. Wir wissen zwar aus der Literatur, dass Sichelhühner keine Scheu vor dem

Bei unserer Annäherung ist die Sichelhenne nur 2 m hoch auf eine Fichte geflogen.

Sichelhuhn und Mensch – der Beobachter wird auf wenige Meter von einer Sichelhenne toleriert. Amurtaiga.

Menschen kennen, die unmittelbare Begegnung mit einem so seltenen Vogel, der sich kaum 2–3 m von uns entfernt putzt oder der Nahrungssuche nachgeht, löst dennoch Überraschung und Begeisterung aus. Diese besondere „Zahmheit" erlaubt Dauerbeobachtungen, wie sie kaum bei einem anderen Raufußhuhn in der Alten Welt möglich sind. Das Auffinden der Hühner bleibt trotzdem schwer: Das helle Fleckenmuster des Gefieders lässt sie mit dem Wechsel von Licht und Schatten des Nadelwalds verschmelzen, besonders wenn sie bei einer sich nahenden Störung im Senkrechtflug im Wipfel eines Nadelbaums verschwunden sind. Bei längerer Beobachtung wird uns aber klar, dass diese Zahmheit die Hühner nicht gefährdet: Sie sichern ständig, ein kletterndes Eichhörnchen führt zu Aufregung, ebenso die geräuschvolle Annäherung eines Menschen im Schnee. Sie erstarren bei Gefahr, auch ihre langsamen, oft zeitlupenartigen Bewegungen helfen ihnen, Feinde zu vermeiden. Am Boden zeigt sich die Henne vor uns scheuer als auf dem Baum, gewöhnt sich aber allmählich an uns. Wir fanden auch individuell oder regional unterschiedliche Fluchtdistanzen. Im 100 km entfernten Myochan-Gebirge flüchteten die Hühner auf 20–30 m Entfernung.

Bei 1 m Schneehöhe im Myochan-Gebirge tauchen zuerst die Kuppen der Ameisenhügel auf. Ameisen bieten die erste Eiweißnahrung.

Nach kurzem Senkrechtflug landet der Hahn wenige Meter entfernt im Gezweig.

Am Abend begegnet uns der erste Sichelhahn auf einem Wurfstubben, wo er Magensteine, aber auch Erde aufnimmt. Er reagiert bei unserem Erscheinen mit Anzeichen von Erregung, hebt den Schwanz, nimmt Alarmstellung ein und baumt auf. Erst nach 15 Minuten fliegt er wieder zu Boden und toleriert uns allmählich. Er zeigt jetzt keine Scheu mehr – ein Verhalten, das dem Sichelhuhn mit der Erschließung und Nutzung der Taigawälder durch den Menschen leicht zum Verhängnis werden kann. Über die merkwürdige Zahmheit des Sichelhuhns haben die ersten Beobachter unterschiedliche Ideen entwickelt. Sie schrieben die geringe Scheu dem verborgenen Leben in der dichten Moos-Taiga zu, wo die Hühner einfach durch steiles Auf-den-Baum-Fliegen Feinde vermeiden konnten. Jedenfalls sind Sichelhühner im offenen Lebensraum scheuer als in der Deckung dichter Vegetation. Sie verfügen auch über verschiedenes Alarmverhalten. Nach unseren Beobachtungen warnt die Henne ihre Küken mit unterschiedlichen Lauten: Dementsprechend fliegen die Küken bei Bodenfeinden auf Bäume, bei Luftfeinden drücken sie sich am Boden. Gegenüber dem Menschen warnt die Henne nicht, sodass die Jun-

Ein Sichelhahn im Myochan-Gebirge hat an einem Wurzelstock Erde aufgenommen, um Mineralmangel nach dem langen Winter auszugleichen.

gen auch keine Fluchtreaktion entwickeln. Der Mensch wird nicht als Feind angesehen. Das gilt so auch für einige andere Arten, z.B. das Weißschwanzschneehuhn Nordamerikas oder den Mornellregenpfeifer in der Brutzeit. Der schnelle Steilflug in eine dichte Fichte scheint jedenfalls die Hauptstrategie des Sichelhuhns zu sein, um Bodenfeinden zu entgehen.

Die merkwürdig schmale Form der äußeren Schwungfedern im Handflügel gab dem Sichelhuhn den deutschen und englischen Namen.

Wozu dienen die Sichelfedern?

Der Name Sichelhuhn beruht auf der ungewöhnlichen Sichelform der vier bis fünf äußeren Handschwingen, am stärksten ausgeprägt bei der zehnten an der Flügelspitze, nach innen hin gefolgt von der neunten bis sechsten. Den sonst sehr ähnlichen amerikanischen Verwandten aus der Gruppe der Fichtenhühner fehlt diese Besonderheit. Alle drei Arten unterscheiden sich kaum in ihrer Lebensraumnutzung und produzieren bei ihren laut trommelnden Revierflügen instrumentale Signale mit ihren Schwingen. Alle drei sind zu nahezu senkrechten Flügen vom Boden zum Baum und umgekehrt befähigt. Dabei hat das Sichelhuhn im Vergleich zur Körpermasse die geringste Flügelfläche unter allen Raufußhühnern. Es ist so wenig wanderfreudig wie das Haselhuhn, das in der Amurtaiga im gleichen Lebensraum vorkommt. Der rund geschnittene Sichelflügel ist nicht für Distanzflüge geeignet.

Drehsprung des Sichelhahns, dem sofort ein Geradeaussprung folgt.

Über den Selektionswert der Sichelfedern in dem komplizierten Balzgeschehen lässt sich vorerst nur spekulieren: Die durch die Sichelfedern stark verringerte Flügelfläche könnte den Drehsprung auf dem sehr kleinen Balzplatz von weniger als einem Quadratmeter im dichten Unterholz ermöglichen. Aber: Die Hennen besitzen die gleichen Sichelfedern, ohne dass sie Balzsprünge vollführen. Alternativ könnten die Sichelfedern scharfe Wendungen beim rasanten Durchfliegen dichter Fichtenbestände fördern, die wir mehrfach bei Habichtangriffen

Vor dem Flattersprung steht der Sichelhahn mit gespreiztem Halsgefieder und angehobenem Schwanz im Zentrum des eng begrenzen Balzplatzes. Gorin.

Im Frühjahr nach der Schneeschmelze und im Herbst ist die Aufnahme von Magensteinen besonders intensiv.

oder auch beim Verfolgen von Rivalen beobachtet haben. Sie könnten aber auch im Dienste der artspezifischen Kommunikation im dichten Lebensraum stehen, falls die Sichelfedern spezifische Fluggeräusche verursachen. Vielleicht ermöglichen sie auch das Erzeugen der knallenden Klickgeräusche bei den Balzsprüngen. Offene Fragen, die nur durch zeitgedehnte Filmaufnahmen oder im Experiment geklärt werden könnten.

Die lange Isolation des asiatischen Sichelhuhns von den nordamerikanischen Verwandten hat jedenfalls zu morphologischen Sonderbildungen wie den Sichelfedern und der reduzierten Flügelfläche sowie zu einem einzigartigen Balzritual im Nadelwalddickicht geführt, das optisch und akustisch stark von dem der Geschwisterarten abweicht. Die systematische Eigenständigkeit des Sichelhuhns ist damit jedem Zweifel entzogen. Alexander von Middendorff, der als erster auf seiner großen sibirischen Forschungsreise das Sichelhuhn im Stanowoi-Gebirge fand und als

oben: Bei der Landung nach dem Geradeaussprung fallen die Sichelfedern und der abgespreizte Daumenfittich ins Auge. Myochan.

Mitte: Bei aller „Zahmheit“ achten Sichelhühner auf jedes Geräusch in ihrer Umgebung.

unten: Auch bei späten Schneefällen im Mai wird die Balz nicht unterbrochen. Taiga am Fluss Gorin.

Liegende tote Baumstämme erleichtern als „Laufstege“ beim Imponierlauf die Fortbewegung im dichten Unterholz. Gorin.

Unterart des amerikanischen Fichtenhuhns *Tetrao canadensis var. franklinii* beschrieb, orientierte sich nur an der großen Ähnlichkeit der Gefiederfärbung. Er hat das Balzritual des asiatischen Wundervogels wohl nie erlebt.

In Gegenwart von Hennen werden der „Kragen“ des werbenden Hahns maximal gespreizt und die Rosen der Partnerin zugeneigt. Gorin.

Spektakuläre Balzsprünge

Der vokale Balzgesang des Sichelhahns beginnt mit einem ansteigenden, zwei Sekunden lang andauernden Heulen, wobei die sich langsam senkenden Flügel vibrieren und den Ton modulieren. Es folgt der zweiteilige Flattersprung, der erste Teil mit einer 180°-Drehung, und sofort anschließend ein Geradeaussprung, beide nicht höher als 30–50 cm. Beim ersten Sprung hört man einen einfachen Klick-Laut, beim zweiten einen Doppelklick. Nach der Landung horcht der Vogel nach allen Seiten, verweilt eine Minute und springt

Intensive Werbung eines Paares in der Bodenvegetation aus Zwergsträuchern. Amurtaiga.

Auch bei der Herbstbalz werben die Hähne um die Hennen. Gorin.

von Neuem. Einen gelegentlichen Ortswechsel vollzieht er im Imponierlauf: Beim Hin- und Herschwenken des erhobenen Schwanzfächers werden dabei durch die sich aneinander reibenden Schwanzfedern rhythmisch zischend-raschelnde Instrumentallaute erzeugt, die nur aus der Nähe zu hören sind. Dieser Teil des Balzrituals ist allen Verwandten gemein, ebenso die trommelnden Revierflüge vom Boden zum Baum hinauf und umgekehrt. Sobald die Weibchen erscheinen, beginnt die intensive Werbung. Nach Tagen der Annäherung folgt die Paarung. Von Mitte April bis Mitte Juni kann man die Balz der Sichelhähne erleben, die Hennen brüten dann bereits. Sie kehren aber zum Balzplatz zurück, wenn sie ihr Gelege früh verloren haben.

Waldbrand und die Verjüngung des Taiga-Waldes

In der Ochotskischen Taiga, dem Sichelhuhnlebensraum, bestimmen immer wiederkehrende Waldbrände, Sturmwurf und Insektenbefall die Verteilung der Baumarten und ihre Verjüngung. Ohne solche Ereignisse erreichen Tannen und Fichten nach 150 bis 200 Jahren ihre natürliche Altersgrenze. Diese Schatten ertragenden Arten keimen meist auf liegendem, verrottendem Totholz. So werden Waldlücken bald durch den Nachwuchs von Tannen und Fichten geschlossen. Auf diese Weise kann sich die Dunkelnadeltaiga ohne Wechsel der Baumart erneuern.

Nach Bränden wachsen im Jungwald als Erstes Pionierbaumarten wie Lärchen, Weiden, Birken und Espen hoch. An einer feuchten Stelle haben Ajanfichten den Brand überlebt. Taiga am Fluss Gorin.

Häufig und oft auf großer Fläche führen aber Waldbrände zunächst zu einem Wechsel der Waldgesellschaft. Ein Pionierwald aus Lärchen, Birken, Espen und Weidenarten wächst heran. Bei ihrer relativ geringen Lebenserwartung verschwinden aber diese Pionier-

Im Schutz alter Lärchen wachsen allmählich wieder Tannen und Fichten heran. Der Berg im Hintergrund ist nach einem früheren Brand vollständig von altem Lärchenwald bedeckt.

gehölze im Verlaufe des ersten Jahrhunderts nach dem Brand. Es bleiben die viel älter werdenden Lärchen. Allmählich keimen dann Tannen und Fichten, die im Schutze der alten Lärchen einen oft geschlossenen Unterwuchs bilden und weitere Lärchenverjüngung verhindern. Nach dem allmählichen Absterben der Altlärchen führt der Zyklus der Walderneuerung zurück zur Dunkelnadeltaiga. Dieser Prozess kann 200 bis 400 Jahre dauern, wenn nicht erneute Brände den Ausgangszustand vorzeitig herbeiführen. Das Sichelhuhn kann bereits die frühen Stadien der Walderneuerung nutzen, sobald die jungen Fichten unter den Lärchen ein bis zwei Meter hoch gewachsen sind und Nadelnahrung im Winter bieten. Je häufiger aber Brände auftreten, umso mehr dominiert der Lärchenwald, und die dunkle Taiga als Lebensraum des Sichelhuhns schwindet. Mit der Waldnutzung durch den Menschen steigt auch die Feuerhäufigkeit, da der überwiegende Teil der Brände nicht natürlich durch Blitzschlag, sondern durch Menschen verursacht wird. Die Lebensmöglichkeiten für das Sichelhuhn werden auf diese Weise mehr und mehr eingeschränkt. Aus dem Süden des Areals im Sichote-Alin-Gebirge ist es bereits verschwunden und mit ihm der artenreichste Wald des Fernen Ostens.

Fortgeschrittenes Stadium der Waldentwicklung: Tannen und Fichten sind hochgewachsen. Nach dem Absterben der alten Lärchen wird die Dunkelnadeltaiga wieder die Oberhand gewinnen. Taiga am Fluss Gorin.

Im Herbst beginnen Sichelhühner, die Nadeln der Ajanfichte zu fressen. Sie bleiben die ausschließliche Winternahrung.

Porträt einer Henne im Herbst. Myochan-Gebirge.

Federn des Sichelhahns: 1 Äußere Handschwinge, 2 Armschwinge, 3 Schulterfeder, 4 mittlere Steuerfeder, 5 äußere Steuerfeder, 6 Vorderrückenfeder, 7 Hinterrückenfeder, 8 Oberschwanzdecke, 9 Unterschwanzdecke, 10 Flankenfeder, 11 Brustfeder, 12 Halsfeder vorn, 13 Halsfeder hinten, 14 Scheitelfeder. Original, Farbstiftzeichnung F. Müller.

Federn der Sichelhenne mit Ei und Küken: 1 Äußere Handschwinge, 2 Armschwinge, 3 Schulterfeder, 4 Scheitelfeder, 5 mittlere Steuerfeder, 6 äußere Steuerfeder, 7 Ei, 8 Halsfeder hinten, 9 Flankenfeder, 10 Unterschwanzdecke, 11 Küken, 1 Tag alt, 12 Halsfeder vorn, 13 Rückenfeder, 14 Brustfeder. Original, Farbstiftzeichnung F. Müller.

Fakten Sichelhuhn *Falcipennis falcipennis* Hartlaub

Verwandtschaft

Bisher eine Gattung mit zwei amerikanischen Geschwister- bzw. Unterarten: Fichtenhuhn *Falcipennis canadensis* und Tannenhuhn *F. franklinii*. Nach Größe, Färbung, Zeichnung und ökologischen Ansprüchen (Habitatstruktur, Ernährung) ähneln sich alle drei Arten. Im Balzverhalten und im Flügelbau weicht die sibirische Art stark ab.

Areal

Kleines Areal im Fernen Osten Russlands bis zur Küste. Im Norden endet das Verbreitungsgebiet am Ochotskischen Meer bei ca. 57° an der Nordgrenze der Ajanfichtenverbreitung, im Westen an den Flüssen Aldan, Maja, Timton und Njuksha (etwa 122° östlicher Länge) und Oldoj (123° östlicher Länge), im Süden an den Vorbergen des Stanowoj (Hochgebirge aber ausgenommen) und am Fluss Seja, dem Bureja-Becken und Bureja-Gebirge. Im Sichote-Alin große Arealverluste durch Kahlschlag und Brand. Auf Sachalin: etwa von Ocha im Norden bis weit nach Süden (Stadt Dolinsk, 48° nördlicher Breite).
Verbreitungskarten: Hafner & Andreev (1998), Klaus & Andreev (2003).

Kennzeichen, Federtafel

Mit 700–740 g Körpergewicht von Hahn und Henne deutlich größer als Haselhuhn, das im gleichen Habitat lebt. Im überwiegend schwarzen Hahnengefieder fallen weiße Tropfen- und Fleckenmuster ins Auge. Die kurzen Schwanzfedern enden mit einem weißen Fleck. In der Balzzeit fallen bei den Hähnen die roten Rosen auf. Beim imponierenden Hahn wird die Konturvergrößerung nicht durch abgespreizte Flügel, sondern durch das stark verlängerte Flankengefieder erreicht. Das braune Federkleid der Henne ist mit hellen, dunklen und weißen Punkten und Flecken übersät.

Brutbiologie

Weibchen erscheinen am Balzplatz Ende April und Anfang Mai. Paarung in erster Maidekade. Brutplätze 1–10 km entfernt. Legebeginn 10.–20. Mai, Brutbeginn 19.–30. Mai, 5–7 (Mittel 5,5) Eier pro Gelege, Brutdauer 24 Tage. Zwei Fresspausen pro Tag, je 15–55 min lang (Mittel 35 min). Brutverluste durch Zobel, Eichhörnchen oder Tod der Bruthenne. Streifgebiete der Gesperre 10–15 ha. Im Herbst Beerennahrung, Bildung von Fettreserven. Herbstbalz alter Männchen, Auflösung der Mutterfamilie Ende September, Abwandern der Jungvögel. Im Oktober Umstellung der Ernährung auf

links: Die brütende Sichelhenne ist an dem relativ offenen Nistplatz nur durch ihr Gefieder getarnt. Die Blätter des Schwedischen Hartriegels geben zusätzlich etwas Deckung.

rechts: Die Gelegegröße ist mit fünf bis sieben Eiern im Vergleich zu anderen Raufußhuhnarten gering.

Fichtennadeln, Bedarf 150 g/Tag. Bildung von kleinen Herbst- und Wintergruppen (2–10 Ind.). Bei unter –20 Grad nächtigen die Hühner in Schneehöhlen, oft bis zu 15 Stunden/Tag.

Lebensraum, Nahrung

Typ der Ochotskischen Dunkelnadeltaiga aus Dahurischer Lärche *Larix gmelini*, Fichten (meist Ajanfichte *Picea ajanensis*), Tannen *Abies nephrolepis* und Koreazirbelkiefer *Pinus koraensis*, von den Tälern am Rande von Mooren (100 m ü. NN) bis zur Baumgrenze bei maximal 1500 m. Küken benötigen Insektennahrung im ersten Monat, dann zunehmend Bodenpflanzen. Fichtennadeln bilden die ausschließliche Winternahrung, somit enge Bindung an Vorkommen von Fichtenarten (meist Ajanfichte). Mit Austrieb erlangen im Frühjahr Nadeln der Dahurischen Lärche größere Bedeutung, außerdem Pflanzen der Bodenvegetation, Ameisen, Schwedischer Hartriegel, Vacciniumarten bei der Ernährung von Frühjahr bis Herbst.

Siedlungsdichte, Ortsbewegungen

In den besten Habitaten Dichten von 6–8 Individuen/100 ha (Frühjahr) bei etwa ausgewogenem Geschlechterverhältnis. Reviersystem flexibel – je nach Dichte balzen Hähne einzeln oder auf Gruppenbalzplätzen. Paarungssystem: Polygynie. Mobiler als früher angenommen. Jungvögel wechseln Teilwohngebiete über mehrere Kilometer. Jahreswohngebietsgröße der Jungen zwischen 300 und 400 ha, der alten Hähne zwischen 20 und 110 ha (Mittel 53 ha), der alten Hennen zwischen 75 und 260 ha (Mittel 160 ha). Jungvögel wanderfreudiger als Adulte; Hennen mobiler als Hähne.

Artenvergleich – die amerikanischen Verwandten

Beim nahe verwandten, äußerlich sehr ähnlichen Fichtenhuhn *Falcipennis canadensis* enden die schwarzen Schwanzfedern mit rostfarbenen Flecken. Neue Forschungen sprechen dafür, von den sechs Unterarten Franklins Fichtenhuhn *F. c. franklinii* (Franklin's grouse) einen Artstatus zuzusprechen. Franklins Fichtenhuhn trägt eine weiße Schwanzendbinde. Der Hahn erzeugt bei der Landung nach dem Revierflug unter Zusammenschlagen der Flügel über dem Rücken einen lauten Knall. Zwischen beiden Formen sind im Überlappungsgebiet der Areale Zwischenformen entstanden, die zur Zeit genetisch untersucht werden. Die Fichtenhühner besiedeln ähnliche Nadelwald-Biotope aus Fichten-, Tannen- und Kiefernarten und sind ebenso wenig scheu wie Sichelhühner.

links: Sichelhenne mit frisch geschlüpftem Küken, das noch den Eizahn trägt. Trotzdem klettert es schon auf den Rücken der Mutter.

rechts: Beim Küken im Alter von 10 bis 12 Tagen erreichen die Flügelspitzen das Körperende. Gorin.

Alpenschneehuhn

Von weiß bis bunt: Kleiderwechsel das ganze Jahr

Das Alpenschneehuhn wechselt wie die Moorschneehühner zwischen einem weißen Winterkleid und zwei graubraunen Brut- und Sommerkleidern. Im Sommer sind Hahn und Henne verschieden gefärbt, aber im Winterkleid ist der Hahn nur durch den schwarzen Streif zwischen Schnabel und Auge von der Henne zu unterscheiden. Auch in der Körpergröße sind die Geschlechterunterschiede gering: Der Hahn ist nur 5 % schwerer als die Henne. Alpenschneehühner sind im Frühjahr paarweise territorial, aber später fällt das Führen der Jungen meist nur dem Weibchen zu. Alpenschneehühner pflanzen sich im Hochgebirge oberhalb der Waldgrenze fort und steigen mit den Jungen später in höher gelegene Gebiete auf, um dort die frische Vegetation der Schneetälchen nutzen zu können. Hier bilden sie größere Mausergruppen. Im Norden der Alten und der Neuen Welt besiedeln sie auch die offene Tundra. Bei gemeinsamem Vorkommen mit dem Moorschneehuhn bevorzugen sie die höheren und offeneren, weniger dicht bewachsenen Lagen.

▼ Am 10. Juni trägt die Alpenschneehenne bereits ihr tarnfarbiges Brutkleid. Die weißen Handschwingen sind teilweise, die schwarzen Schwanzfedern vollständig verdeckt. Südtirol.

▶ Alpenschneehahn auf einer Warte im Aletschgebiet, Schweiz. Ende Mai ist die Mauser ins Sommerkleid fast abgeschlossen. Der Bauch bleibt weiß.

Lebensraum Ende Mai im Aletschgebiet: Im Vordergrund rechts gegen das Bettmerhorn die baumfreien Schneehuhn-Lebensräume, unten über dem Gletscher durch Bewaldung zum Birkhuhn-Lebensraum gewordene Bereiche.

Ende März trägt das Paar noch sein weißes Winterkleid. Den Hahn kennzeichnen der schwarze Zügel und die voll exponierten roten Rosen. Steiermark.

Rufender Hahn in Imponierhaltung am 10. Juni. Südtirol.

Bestandserfassung zur Balzzeit

Ein knarrendes Geräusch ertönt in der anbrechenden Dämmerung. Diese erste Balzstrophe des Morgens zeigt an, dass die Alpenschneehühner wach geworden sind. Noch ist nichts zu sehen. Vielleicht blitzen bald einmal die weißen Flügel eines Hahns auf, der im Flug sein Revier durchquert, ruft und mit einer Balzstrophe geräuschvoll landet. Diese ist oft vielsilbig und hat einen charakteristischen punktierten Rhythmus: Arrr-a-arr-arrrr". Nun wird ein Hahn sichtbar, der auf einem Felsblock steht und sein Revier überblickt. Der Rücken ist bereits grau, der Bauch ist weiß geblieben. Wenn ein anderer Hahn in der Nähe erscheint, treffen sie sich an der Reviergrenze und laufen parallel diese im Gelände unsichtbare Linie entlang. Zu eigentlichen Kämpfen kommt es selten.

Alpenschneehühner werden am Morgen etwas später aktiv als Birkhühner. Ende Mai ist das etwa halb fünf Uhr, eine Viertelstunde nach dem Birkhuhn.

Außerdem ändert sich die Lage des Aktivitätsbeginns im Laufe des Monats Mai nur um wenige Minuten. Früher als das Alpenschneehuhn singt in seinem alpinen Lebensraum nur der Hausrotschwanz.

Alpenschneehühner kennen keine Gemeinschaftsbalz. Es gibt also auch keine Balzplätze, auf denen die Hähne als erste erscheinen müssten, um einen guten Platz einnehmen zu können, wie das etwa bei den Birkhühnern der Fall ist. Alpenschneehühner leben paarweise in Revieren. Diese werden von den Hähnen vom Beginn der Schneeschmelze an bezogen und verteidigt, meist also ab Ende März. Nach den frühmorgendlichen territorialen Aktivitäten können sich die Hähne zu Beginn der Balzzeit tagsüber wieder in Gruppen zusammenfinden und friedlich gemeinsam fressen. Später, ab etwa Ende April, verlassen sie ihre Reviere nicht mehr.

Bei trübem Wetter kommt die Tarnfärbung des Schneehahns zu voller Wirkung. Februar, Dolomiten.

In flächig besiedelten Gebieten können in den Zentralalpen bis 5 Paare pro Quadratkilometer gezählt werden. Das bedeutet, dass die Revierzentren in

Am 10. Juni ist bei diesem Hahn nur noch die Unterseite weiß. Dolomiten.

der Horizontalen und in der Vertikalen etwa 300 m voneinander entfernt sind. Die Verteilung der Reviere kann über Jahrzehnte recht stabil sein. Offenbar besetzen die Hähne, die den Winter überlebt haben, im Frühling wieder ihr Vorjahresrevier. Vorjährige oder eingewanderte Hähne siedeln sich in den Lücken an, die durch den Tod letztjähriger Revierbesitzer entstanden sind. Wo die Siedlungsdichte gering ist, bleibt oft auch die Balzaktivität sehr verhalten. Manchmal äußern Hähne nur eine einzige Balzstrophe zu Beginn der Tagesaktivität. Sie sind dann entsprechend schwer festzustellen.

Ende Mai mausert der Hahn ins Brutkleid. Flatruet, Mittelschweden.

Mauser

Im ersten Moment scheint es einfach: Alpenschneehühner sind im Winter weiß. Im Sommer sind die Hähne grau mit wei-

Porträt einer Henne, die Rose ist am 10. Juni stark reduziert. Südtirol.

ßem Bauch und die Hennen unscheinbar tarnfarbig braun. Jede einzelne Feder ist aber bunt, mit dunkelbraunen, goldgelben und weißen Bändern. Allerdings sind die Mauservorgänge äußerst kompliziert. Alpenschneehühner mausern nämlich dreimal pro Jahr. Im Frühling wird das weiße Winterkleid durch das beim Hahn grau-weiß gebänderte Brutkleid ersetzt; diesem folgt im Verlauf des Sommers das viel feiner gezeichnete, beim Hahn grau gesprenkelte Herbstkleid. Daran schließt sich wieder das Winterkleid an.

Anfang Oktober ist die Umfärbung ins Winterkleid weit fortgeschritten. Südtirol.

In den Alpen beginnt die Mauser ins Brutkleid beim Hahn früher als bei der Henne, aber dafür dauert sie länger. So beenden beide Geschlechter die Umfärbung ins Brutkleid mehr oder weniger gleichzeitig. Je nachdem, wann die Schneeschmelze einsetzt, beginnt dieser Prozess früher oder später; die Unterschiede können zwei bis drei Wochen betragen.

Junger Hahn Mitte September, Lappland.

Hahn in den Dolomiten beim Verlassen seiner Felswarte. Auf dem Schneefeld wird er wieder unauffällig. März.

Schneehuhn und Schnee

Im Sommer kann man im Lebensraum der Schneehühner oft kleine Haufen von Losungswürstchen finden. Hier muss ein Huhn längere Zeit gerastet haben; im Mittel scheidet der Vogel etwa alle zehn Minuten ein Kotwürstchen aus. Wahrscheinlich hat er hier sogar eine lange Winternacht in einer Schneehöhle zugebracht. Der Winterkot besteht aus Resten der stark holzfaserhaltigen Winternahrung und hält sich deswegen besonders lange.

Im heißen Dolomitfels hechelt die Henne. Juni, Südtirol.

So hart und lang der Winter oberhalb der Waldgrenze auch ist: Für das Alpenschneehuhn sind die Winterbedingungen kein Problem. Mit seinen bis über die Zehen befiederten Füßen sinkt es auch im hohen Pulverschnee nur wenig ein. Sie erleichtern auch das Graben der Schneehöhlen.

Im Winter richtet sich die Schneehöhle nach den Schneeverhältnissen. In hartem Schnee graben sich die Alpenschneehühner nur 2 bis 3 cm tief ein, normalerweise 5 bis 7 cm tief. In weichem Pulverschnee kann die Höhlendecke 20 oder sogar 30 cm dick sein. Für das Graben im

Schnee sind die kräftigen langen Krallen geeignete Werkzeuge. Nicht selten fallen mehrere Hühner an einem geeigneten Ruheplatz ein. Man hat bis zu 150 frische Höhlen in einem einzigen Ruheareal nebeneinander gefunden, manchmal nur einen halben Meter voneinander entfernt. Die Höhlen der beiden Partner eines Paares liegen oft noch näher beieinander. Bei starker Kälte und ungünstigen Schneeverhältnissen suchen sie sich wenigstens eine Stelle für eine flache Schneegrube, aus der sie nur noch mit dem Kopf herausschauen. Eine vollständige Höhle wird beim Eingraben durch den nach hinten gekratzten Schnee verschlossen. Morgens drängt sich der Vogel nach oben durch die Höhlendecke ins Freie, wobei zunächst nur der Kopf herausschaut. Dann erfolgt der Abflug, wobei oft die Abdrücke der Flügel auf der Schneedecke zurückbleiben.

Für Alpenschneehühner ist Schnee ganz allgemein attraktiv. Selbst im Sommer suchen sie in ihrem Lebensraum manchmal verbliebene kleine Schneeflecke auf, um dort zu übernachten. In den Hohen Tauern liefen die mit Sender markierten Vögel in der beginnenden Abenddämmerung einen steilen Hang aufwärts, flogen von dort ab und landeten kilometerweit entfernt, wahrscheinlich in einem unzugänglichen hochgelegenen Schneefeld oder auf einem Gletscher. In der Morgendämmerung kamen sie wieder herabgeflogen, um in der alpinen Zone tagsüber in der Vegetation der Schneetälchen weiden zu können. An warmen Tagen suchten sie schattige Stellen unter Felsen auf. Die Wärme war ihnen sichtlich unangenehm.

Paar bei der Nahrungssuche. Ende Juni, Südtirol.

Vegetarier mit Vorlieben

Schneehühner sind Bodenvögel. Nahrung ist im Allgemeinen leicht zugänglich und in ausreichender Menge vorhanden, selbst im Winter. Auf Graten und Kuppen weht der Wind den Schnee weg, an Felskanten und steilen Hängen rutscht er ab, und unter großen Felsblöcken bilden sich Hohlräume, wo die Vegetation zugänglich bleibt. Ein paar Zentimeter Schnee können jederzeit auch weggescharrt werden. Bei dicker Schneedecke können Alpenschneehühner sogar einen Tunnel unter dem Schnee anlegen, um an ihre Nahrung heranzukommen. Sie picken die Nahrung immer vom Boden auf. Anders als Moorschneehühner klettern sie zum Fressen nie auf Sträucher oder Bäume.

Alpenschneehühner ernähren sich in der kalten Jahreszeit von Knospen und Triebspitzen von Heidekrautgewächsen, vor allem der Heidelbeere und der Rauschbeere *Vaccinium uliginosum*, von den frostharten Blättern der Alpenazalee *Loiseleuria procumbens* und von Blättern und Knospen von Weiden: von Zwergweiden wie der Netzweide *Salix reticulata* oder der Krautweide *S. herbacea* und auch von größeren Weidensträuchern wie der Schweizerweide *S. helvetica*.

Tagsüber bewegen sich Alpenschneehühner fressend in der niedrigen Vegetation, möglichst durch Steinblöcke gedeckt. Wenn der Himmel bewölkt ist und sogar Nebel herrscht, wagen sie sich mehr in offene Flächen hinein, ziehen sich aber beim Aufklaren gleich wieder zwischen die Steine zurück – eine Sicherheitsmaßnahme gegenüber fliegenden Feinden wie Steinadler und Habicht.

Drei Monate alte Junghenne bei der Beerenernte im September. Finnisch Lappland.

Die üblichen Untersuchungen zur Nahrung des Alpenschneehuhns beziehen sich auf den Kropfinhalt erlegter Vögel oder auf Kotanalysen. Unter günstigen Beobachtungsbedingungen und mit geeigneter optischer Ausrüstung kann man jedoch auch direkt verfolgen, wonach die Hühner picken. Im Sommer nutzten sie in den Hohen Tauern ein großes Pflanzenspektrum von mindestens 33 Arten. Am häufigsten mit etwa 30 % aller gerichteten Pickvorgänge waren Blätter der am Boden kriechenden Weidenarten wie der Stumpfblättrigen Weide *Salix retusa,* der Krautweide und von Waldsteins Weide *S. waldsteiniana*. Von anderen Pflanzen wie Steinbrecharten, Primeln, Säuerling, Heidel- und Rauschbeere sowie Hahnenfuß wurden seltener Blüten, meist Blätter, teilweise auch Früchte verzehrt. Wichtig ist auch der Knöllchenknöterich *Polygonum viviparum*. Unterhalb des ährenförmigen Blütenstandes wachsen eine Reihe von Brutknöllchen oder Bulbillen, die von den Hühnern abgepickt werden. Bei einem tot gefundenen Hahn war der Kropf angefüllt mit solchen Brutknöllchen.

In manchen Vorkommensgebieten ist das Nahrungsangebot gering. In Schottland dominieren das ganze Jahr über Sprosse von Besenheide, Heidelbeere und Krähenbeere, im Herbst vorübergehend die Früchte. Im Winter ist die Nahrung in der Arktis und im Gebirge am Boden meist unter einer Schneedecke verborgen. Dann können die Hühner mit den Füßen darin graben, um an die Pflanzen heranzukommen. Auf Spitzbergen vergesellschaften sie sich zeitweise mit Rentieren, die den Schnee beiseite räumen. Während sie hier im Sommer auch Knöllchenknöterich bevorzugen, sind sie im Winter auf Weiden und andere Bodenvegetation angewiesen.

Auf einem Schneefleck ruhender Hahn. Anfang März, Dolomiten.

Sozialverhalten: Leben in Gruppen, Paaren und Mutterfamilien

Den Winter über halten Alpenschneehühner in Gruppen zusammen. In Russland hat man meist relativ kleine Gruppen von 3 bis 6 Vögeln gefunden. In Schottland und Nordamerika hat man Gruppen aus mehreren hundert Individuen festgestellt, oft bilden Hähne, Hennen und die Jungvögel eigene Gruppierungen.

Gruppe von drei Hennen Anfang März in Südtirol.

Bei mildem Winterwetter können sich die Paare schon vor der Jahreswende bilden. Normalerweise sondern sich die Hähne aber erst im Frühjahr aus den Gruppen ab und verteidigen dann eigene Reviere. Die Hennen leben etwas länger in den Gruppen als die Hähne und suchen im April und Anfang Mai die Brutreviere auf. Sie lassen sich gern dort nieder, wo das Nahrungsangebot gut ist, also dort, wo größere Bereiche mit Heidekrautgewächsen und Zwergweiden bereits schneefrei sind. Bei hohen Siedlungsdichten sind mehr oder weniger alle Reviere von Paaren besetzt, und selten kommt es sogar vor, dass ein Hahn mit zwei oder gar drei Hennen verpaart ist. Bei niedrigen Dichten zeigt sich, welche Reviere die besten sind – in allen anderen kann dann keine oder nicht jedes Jahr eine Henne nachgewiesen werden.

Die Hennen haben gegen Ende der Balzzeit, im Verlauf des Monats Juni, die Mauser ins Brutkleid abgeschlossen. Ihr goldgelb, dunkelbraun und weiß gesprenkeltes Gefieder tarnt sie hervorragend. Es braucht Geduld und Erfahrung, um sie zu entdecken. Oft fressen sie gemeinsam mit ihrem Hahn, wobei die Henne meist vorausgeht und der Hahn mit wenigen Metern Abstand aufmerksam folgt.

Zu Beginn der Brutzeit scharrt die Henne eine einfache Nestmulde und polstert sie höchstens mit ein paar Federn aus dem Kleingefieder aus. Nicht immer ist die brütende Henne in der Pflanzendecke verborgen. Sie kann recht offen in niedrigen oder schütteren Alpenrosen- und Heidelbeersträuchern,

Island am 20. Mai: der Hahn ist noch fast weiß, die Henne hat schon die Mauser ins Brutkleid vollzogen. In den Alpen beginnt die Umfärbung bei den Hähnen früher als bei den Hennen.

zwischen Steinen oder auf grasigen Stellen brüten. Auch dann flieht sie kaum vor möglichen Feinden wie dem Menschen. Aber entspannt bleibt sie nicht, im Gegenteil: Bei Stress senkt sie die Herzfrequenz deutlich, möglicherweise sondert sie so weniger Geruchsstoffe ab.

Während die Henne das Gelege bebrütet, halten sich die Hähne in der Nähe des Nestes auf und bewachen ihre Partnerin. Sie folgen ihr auch, wenn sie das Nest verlässt, um Losung abzugeben, Nahrung aufzunehmen und etwas Gefiederpflege zu treiben. Sie tun das nicht nur, um die Henne vor Prädatoren zu schützen, sondern auch um andere Hähne von ihr fernzuhalten. Sie müssen auch für den Fall vorsorgen, dass das Gelege verlorengeht und die Henne ein neues Gelege hervorbringt.

Die Küken schlüpfen innerhalb von Stunden. Sobald das Dunenkleid flauschig geworden ist, verlassen sie das Nest und beginnen sofort selbstständig zu fressen. Die Henne hält ihre Kükenschar mit leisen Kontaktrufen beisammen. Bei Gefahr alarmiert sie, worauf sie sich duckt, ebenso wie die Küken. Alle verharren bewegungslos, bis die Henne Entwarnung signalisiert. Sie kann Tiere, die ihren Küken gefährlich werden können, auch direkt angreifen, wie etwa Schafe, die die Küken zertreten könnten.

Die Henne führt ihre wenige Tage alten Küken in niedrige subalpine Vegetation. Aletschgebiet, Mitte Juli.

Die Küken können ihre Körpertemperatur in den ersten Lebenstagen nicht selber aufrechterhalten. Sie müssen immer wieder von der Henne gehudert, also aufgewärmt werden. Dazu steht die Henne still, ruft und die Küken schlüpfen von vorn in ihr Bauchgefieder und unter ihre Flügel. Sobald sie wieder aufgewärmt sind, werden sie unternehmungslustig, strecken den Kopf aus dem Gefieder ihrer Mutter oder schauen zwischen Flügel und Rücken hervor und marschieren dann los.

Es leuchtet ein, dass die Huderzeiten umso länger sind, je niedriger die Temperaturen sind. Im Aletschgebiet konnten drei Hennen mit ihren ganz jungen Küken bei unterschiedlichen Witterungsbedingungen je 3 Stunden lang verfolgt und genau beobachtet werden. Bei warmem, sonnigem Wetter fraßen die Küken fast ununterbrochen, bei kühlem, nur teilweise sonnigem Wetter wurde häufig zwischen Fressen und Ruhen abgewechselt, und bei Regen und

Kälte verließen die Küken das wärmende Gefieder der Henne nur selten für ein paar Minuten zur Nahrungsaufnahme.

Schlechtwetterperioden sind auf diesen Meereshöhen mit Kälte und sehr oft Schneefall verbunden. Treffen sie die Küken in ihren ersten Lebenstagen, hat das für sie katastrophale Folgen. In solchen Sommern kann der Bruterfolg sehr gering sein. Ist das Wetter schon im Mai und Juni schlecht, verzichten einige Hennen offenbar ganz auf einen Brutversuch.

Schon während der späten Brutzeit lösen sich die Hähne von den Hennen, die meist die Jungen alleine führen. Beim Alpenschneehuhn beteiligen sich nur wenige Hähne nach dem Schlupf der Küken auch an der Betreuung des Nachwuchses. Oft halten sie auf Felsblöcken in der Nähe des Gesperres Wache. Manche beteiligen sich sogar beim Verleiten, wenn ein Bodenfeind nahekommt. Dabei zeigen sie die hängenden weißen Flügel und bewegen sich zögerlich vor dem Feind.

Im ausgehenden Sommer wandern die Hähne in höhere Gebiete ab, schließen sich zu Gruppen zusammen und beginnen zu mausern. Später stoßen dann die Weibchen mit ihren inzwischen erwachsenen Küken dazu. Die Mutterfamilien lösen sich spätestens zu diesem Zeitpunkt auf. In guten Schneehuhngebieten kann man im Spätsommer auf Mausertrupps von mehreren Dutzend Hühnern stoßen.

Im Zuge der höher steigenden Lärchen- und Arvenbewaldung wurde dieser Teillebensraum im Aletschgebiet vom Alpenschneehuhn aufgegeben. Zur Hauptbalzzeit Ende Mai sind die Nordhänge oft noch schneebedeckt.

Alpenschneehühner und Klimawandel

Das Gebirge ist mehr noch als das Tiefland vom Klimawandel betroffen. Wird es wärmer, so verschieben sich die Zonen der Vegetation ebenso wie die Höhenverbreitungen der Tiere nach oben. In der Schweiz hat sich das schon bestätigt. In jüngster Zeit hat sich das Verbreitungsmuster bei zwei Dritteln der häufigen Vogelarten bergwärts verschoben. Bei den zehn am höchsten verbreiteten Arten machte das seit 1993/1996 innerhalb von 20 Jahren einen Höhenanstieg von durchschnittlich 51 Metern aus. Die Lebensräume werden nach oben hin aus rein topographischen Gründen immer enger. Das stellt keine gute Perspektive für die Bergvögel dar, einschließlich der Schneehühner.

So ist es nicht verwunderlich, dass das Alpenschneehuhn in den Diskussionen um die Auswirkungen des Klimawandels auf Vögel eine zentrale Stellung einnimmt. Es ist optimal an Kälte angepasst, und es wäre daher zu erwarten, dass es mit höher werdenden Durchschnittstemperaturen zunehmend in höhere Regionen steigt. Klimamodelle sagen tatsächlich voraus, dass es auf diese Weise in den nächsten Jahrzehnten große Teile seines aktuellen Verbreitungsgebiets räumen wird.

In einem seit fünf Jahrzehnten gut untersuchten schweizerischen Gebiet am Aletschgletscher gibt es deutliche Anzeichen für eine Höherverlagerung

Lebensraum auf Spitzbergen. Anfang Juni.

der Schneehuhnverbreitung. Die am tiefsten gelegenen Reviere wurden aufgegeben, weil die Lärchen auf den gletschernächsten Moränenbereichen größer und zahlreicher wurden und weil Arven in die darüberliegenden Zwergstrauchheiden einwuchsen. Diese Gebietsteile hat das Birkhuhn übernommen, und es hat dort auch neue Balzplätze begründet. Unmittelbarer Auslöser für die Höhenverschiebung ist die Waldentwicklung. Diese hängt außer vom Klima auch von anderen Faktoren ab, wie etwa vom Einfluss der Pflanzenfresser wie Rothirsch und Gämse. Direkte Auswirkungen der Klimaerwärmung auf die Verbreitung des Alpenschneehuhns lassen sich nicht so klar nachweisen. Auf etwa 50 Probeflächen in den Schweizer Alpen entwickelte sich ihr Bestand zwischen 1990 und 2019 sehr uneinheitlich. In einzelnen Regionen stieg die Höhe der Schneehuhnbeobachtungen deutlich stärker an als jene aller Vogelbeobachtungen, ein Hinweis auf ein klimabedingtes Höhersteigen des Alpenschneehuhns. Aber in anderen Regionen war kein solcher Effekt festzustellen.

Weil das Überleben der Küken vom Wetter abhängt, könnte man schließen, die Klimaerwärmung müsste dem Alpenschneehuhn entgegenkommen. Dem ist aber nicht so. Zwar nimmt der Bruterfolg mit steigender Julitemperatur erst zu, aber oberhalb einer Optimaltemperatur nimmt er wieder ab. Detaillierte Studien mit besenderten Alpenschneehühnern in der Haute-Savoie (französische Alpen) haben gezeigt, dass Hennen sehr genau auf das Mikro-

Die getarnte Henne Mitte Juni. Am Fuß sind die besonders dichte Befiederung und die kräftigen Krallen sichtbar. Spitzbergen.

klima ihrer Umgebung reagieren. Sie wählen Ruheplätze aus, an denen die Temperatur etwas geringer ist als in der unmittelbaren Umgebung.

Dass Alpenschneehühner an besonders warmen Tagen zu hecheln beginnen, ist schon lang bekannt. Entsprechend ziehen sie im Verlauf des Sommers aus den tiefer gelegenen Brutgebieten in höhere Regionen ihres Lebensraums, und sie wählen die kühleren Nordhänge oder weichen der Sonneneinstrahlung durch Aufsuchen von schattigen Plätzen hinter Felsblöcken oder Bodenwellen aus.

Alpenschneehühner des Hohen Nordens

Alpenschneehühner kommen nicht nur in den Bergen, sondern auch in arktischen Lebensräumen vor, von der Bergtundra bis zur Küste. Das gilt auch für die Inselgruppe Spitzbergen. Das Alpenschneehuhn kann hier nur überleben, weil der Golfstrom sich so weit nach Norden hin auswirkt und das Klima milder macht. Das Bemerkenswerte ist: Beim Alpenschneehuhn handelt es sich um die einzige Vogelart, die hier auch den Winter verbringt. Die Spitzbergen-Population ist schon lange isoliert und hat sich eigenständig angepasst. Sie wird als gesonderte Unterart des Alpenschneehuhns *Lagopus muta hyperborea* aufgefasst und kommt sonst nur noch auf Franz-Josefs-Land vor, einer benachbarten Inselgruppe im Nordpolarmeer. Wegen aller Unterschiede zu

Hahn der Spitzbergen-Population, am 15. Juni noch weiß mit dicker Fuß- und Zehenbefiederung.

den kontinentalen Verwandten könnte sich *hyperborea* zu einer eigenen Art entwickeln. Dann hätten die Vögel einen eigenen Namen verdient: Spitzbergen-Schneehuhn.

Wie anderswo brauchen auch hier die Schneehühner viel Zeit für die Nahrungsaufnahme. Sie müssen sich durch den Schnee bis zu den Knospen und Sprossen der Vegetation hindurchgraben, um Fressbares zu finden, und das in der Dunkelheit der Polarnacht und auch noch bedroht durch ihren ärgsten Feind, den Eisfuchs. Wenn der Winter zuweilen durch Warmluft aus dem Süden unterbrochen wird und die Schneedecke oberflächlich schmilzt und nachher wieder gefriert, haben sie Schwierigkeiten, unter dem Eispanzer noch ihre Nahrung zu erreichen. Sie suchen dann am liebsten Stellen auf, wo der Wind den Boden schneefrei geblasen hat.

Im Juni beginnt auf Spitzbergen der Sommer: Man kann dann durchaus Tage treffen, in denen das Thermometer +6° bis +8°C zeigt. Anfang Juni sind die Berge zwar noch schneebedeckt, doch am Fuß des Steilhangs ist der Boden bereits schneefrei. Ein Hauch von Grün zeigt die sprießende Vegetation an. Wenige Dutzend Meter oberhalb der Erdstraße leuchtet ein weißer Fleck aus den Steinen hervor: ein männliches Alpenschneehuhn. Der Vogel hat sein weißes Körpergefieder noch nicht abgelegt, obwohl ringsum grüne und braune Töne am Boden vorherrschen. Das zeichnet die hiesige Population

Am 25. Mai ist der weiße Schneehahn auf Island auffällig in der schneefreien Landschaft.

des Schneehuhns besonders aus: Die Hähne bleiben bis in den arktischen Sommer hinein weiß. Sie können es sich leisten, mit ihrem weißen Gefieder auch im Sommer auffällig zu sein, denn sie machen es durch ihr Verhalten dem Eisfuchs unmöglich, sich ungesehen anzuschleichen. Da es auf Spitzbergen im Sommer keine Gerfalken und kaum jemals Schneeeulen gibt, sind sie auch nicht durch Luftfeinde gefährdet. Erst im Laufe des Juni und Juli färben sich die Hähne allmählich mit bräunlichen Federn um. Bald danach müssen sie wieder frische weiße Federn bilden, um im Winter getarnt zu sein. Aber auch im Frühjahr sieht man ihnen an, wie stark sie an die Kälte angepasst sind: Sie wirken dick befiedert und sind auch deutlich größer als die südlicheren Alpenschneehühner: Die Hähne haben Flügellängen um 230 Millimeter, andere Alpenschneehuhn-Unterarten kommen auf durchschnittlich 200 mm. Auch die Gewichte liegen hoch, sie variieren zwischen 0,5 und 1,2 kg. Die niedrigsten Werte entfallen auf die Jungvögel. Die festländischen Vögel erreichen kaum mehr als 400 bis 500 Gramm. Die hohen Gewichte erklären sich durch erhebliche Fettvorräte, die die Vögel im Herbst anlegen, um den lichtlosen und schneereichen arktischen Winter zu überstehen. Am auffälligsten aber sind die Beine: Zehen und Läufe tragen dicke „Socken“ oder „Gamaschen“ aus Daunenfedern.

Hahn im Kolymagebirge, Nordost-Sibirien. Bäume werden nur zur Balzzeit als Warte genutzt, eine große Ausnahme beim Alpenschneehuhn!

Die Henne kann man zur Brutzeit erst bei sorgfältiger Suche entdecken. Sie läuft noch näher an die Straße heran, wo die Vegetation am weitesten entwickelt ist, und scheut die Nähe vorbeigehender Menschen oder vorüberfahrender Pkws nicht. Sie vertraut völlig auf ihre bräunlich gemusterte Tarnfärbung und pickt mit Eifer die eben aus dem Boden sprießende pflanzliche Nahrung auf, denn sie muss rasch wieder zurück auf ihr verstecktes Bodennest. Sie ist allein für die Bebrütung des Geleges verantwortlich und muss dem Untergrund perfekt angepasst sein. Dem Hahn kommt die Aufgabe des Wachens und der Abwehr zu.

Obwohl sie im Herbst von der menschlichen Bevölkerung auf Spitzbergen bejagt werden, zeigen sich die Vögel zur Brutzeit vertraut. Die Zahl der jährlich erlegten Vögel hatte im Jahr 2007 einen Maximalwert von mehr als 2000 erreicht, ist aber seither auf unter 1000 gesunken. Für die menschliche Ernährung auf den Inseln dürfte diese Sportjagd kaum eine Rolle spielen. Während der Brutzeit werden die Hühner von der Jagd verschont.

Fakten Alpenschneehuhn *Lagopus muta* Montin 1776

Kennzeichen und Mauser

Gewicht 400–550 g, auf Spitzbergen bis 1200 g. Im reinweißen Winterkleid weisen die Hähne einen schwarzen Zügel auf, der den Hennen fehlt. Die Tarnung am Boden wird durch ständige Mauser erreicht, die das Jahr über andauert. Die weißen Flügel und die schwarzen Steuerfedern des Altvogels werden zwar nur einmal jährlich im Sommer erneuert, sind aber beim ruhenden Vogel meist verdeckt. Das Körpergefieder wird großenteils dreimal ausgewechselt. Im späteren Frühjahr ab Juni entsteht bei der Henne ein braunes gemustertes Brutkleid. Das Sommerkleid des Hahns ist mehr grau. Darauf folgt wieder das weiße Winterkleid. Der schwarze, weiß gesäumte Schwanz wird im Winter durch weiße Federn abgedeckt, im Sommer durch braun gemusterte. **Federtafel Seite 236.**

Areal

Zirkumpolar verbreitet in Nordamerika, Europa und Asien in der arktischen und subarktischen Zone, bis nach Nordgrönland, Island und Spitzbergen. Nördliche Arealgrenze bis 76° n. B. Südliche Arealgrenze variiert zwischen 47° und 62° n. B. Verbreitungskarten: Storch (2000, 2007), Potapov & Sale (2013).

Balz, Lautäußerungen

Balz zwei Monate lang mit Maxima der Aktivität am Morgen und Abend. Reviergesang mit Hochrecken des Halses, Fächern des Schwanzes, Flügelspreizen, oft auf erhöhten Warten. Revierflüge bis 250 m Länge, ebenfalls mit Reviergesang und Rufen nach der Landung. Revierkämpfe oft erbittert, gelegentlich mit Beschädigung des Gegners.

Brutbiologie

Sobald sich die Wintertrupps im April auflösen, beziehen und verteidigen die Hähne Reviere. Der Höhepunkt der Balz fällt in den Alpen in die Zeit vom 10. Mai bis 10. Juni, die Balzzeit endet etwa Ende Juni. Die meisten Hähne sind monogam,

links: Im Norden Sibiriens bewohnen Alpenschneehühner die Tundra bis an die Küste. Die offen brütende Henne lässt sich durch nahende Menschen nicht vom Nest verdrängen. Taimyr-Tundra im Juni, Russland.

rechts: Gelege mit sechs Eiern. Hohe Tauern.

einzelne können mit zwei Hennen verpaart sein. Die Nistplätze liegen am Boden, meist gut versteckt unter Zwergsträuchern oder großen Steinen, oft aber auch recht offen in alpinen Rasen oder am Rand von Felsblöcken. Die bis zu 6 cm tiefe Nestmulde ist meist 1–2 cm dick mit Moosen, Blättern und Mauserfedern der brütenden Henne ausgepolstert. Die Eier sind blass rahmfarben mit bräunlichen und schwarzen Flecken, sie sind ca. 42 mm lang und 30 mm breit. Legeabstand 1–2 Tage. Gelegegröße 6–9 Eier. Nur eine Jahresbrut, Ersatzgelege bei frühem Gelegeverlust möglich. Legebeginn Mitte April in Skandinavien und Juni in Nordost-Sibirien. Brutdauer 21–24 Tage. Küken schlüpfen gleichzeitig, meist allein vom Weibchen geführt.

Lebensraum, Nahrung

Blockfelder, Schutthalden, Bergtundren, Heiden mit reichem Vorkommen der Nahrungspflanzen, Gräser, Kräuter, Zwergsträucher wie Zwergweiden, Zwergbirken und Ericaceen, auch Rhododendronarten in Teilen des Areals. Im Winter Nutzung tiefer gelegener Habitate. Im Dovrefjell (Norwegen) liegt die Untergrenze der jährlichen Höhenverbreitung bei 1100 m ü. NN.

Siedlungsdichte, Ortsbewegung

Frühjahresdichte geringer als beim Moorschneehuhn, variiert stark zwischen 0,1 und maximal 60 Individuen/km^2 (Alaska 2,3–4,4, Schottland 5–66, Kolyma-Bergland 0,5–22, Taimyr 6–8, Japan 15–16). Im Norden zyklische Schwankungen (10-Jahresperiode). Wert für die Alpen: 5 Paare/km^2.

Bedrohung, Schutz, Status

Verbreitet, lokal häufig. Aber bedroht durch zu starke Bejagung in Teilen der Alpen und Skandinaviens. Lebensraumverluste durch Zunahme des Tourismus, Ausbreitung von Skiarealen, Zunahme von Kollisionen an Seilen. Noch nicht abschätzbar ist der Einfluss der Klimaerwärmung mit Gletscherschmelze und Verlagerung der besiedelbaren Habitate in höhere Regionen. In Island spielen Erosion von Heidegebieten, in asiatischen Hochgebirgen lokal Überweidung eine Rolle.

links: Frisch geschlüpftes Küken mit charakteristischer Kopfzeichnung. Aletschgebiet, Juli.

rechts: Gefahr: Die Henne hat ihre Küken alarmiert, alle ducken sich zu Boden. Aletschgebiet, Juli.

Moorschneehuhn

Ein Weltenbürger in den Mooren des Nordens

Moorschneehühner sind rings um den Pol im Norden der Alten und Neuen Welt in zahlreichen Unterarten verbreitet. Zu diesen Unterarten zählt man auch das Schottische Moorschneehuhn, dem wegen seiner Besonderheiten ein eigenes Kapitel in diesem Buch gewidmet ist. Die Moorschneehähne verteidigen im Frühjahr mit Schauflügen und lauten Gesängen ihre Territorien, die in Tundren, Mooren und lichtem Wald gelegen sind, besonders in den Rand- und Übergangszonen. Zur Brutzeit und danach beim Führen der Jungen halten sich die Hähne bei der Henne mit ihren Küken auf. Wie beim Alpenschneehuhn erfolgt über das Jahr hin ein ständiger Gefiederwechsel zwischen verschiedenen Kleidern. Im Winter sind die Vögel vollständig weiß mit Ausnahme der schwarzen Schwanzfedern. Bis zu 20 Stunden pro Tag verbringen sie bei widrigem Wetter in ihren Schneehöhlen, die sie selbst graben und nur einmal nutzen. Anders als das Alpenschneehuhn können sie regional verschieden mehrere hundert Kilometer weit führende Winterwanderungen unternehmen – echte Vagabunden des Nordens.

▼ Ende Mai hat der Moorschneehahn schon sein Rückengefieder in das Sommergefieder gemausert. Nur Bauch und Schwingen sind weiß, Flatruet, Schweden.

▶ Die Moorschneehenne trägt ein braun gemustertes Tarnkleid In der Aue des nordost-sibirischen Flusses Kolyma.

Typischer Lebensraum Mitte September im norwegischen Dovrefjell-Nationalpark. Zwergweidenarten, Zwergbirke und Heidekrautgewächse dominieren in der Bodenvegetation.

Zur Balzzeit im Mai tragen die schneeweißen Hähne einen rotbraunen Kragen. Omtschik-Tal, Ostsibirien.

Leben unter Extrembedingungen

Das den Nordpol umspannende Areal des Moorschneehuhns ist das größte innerhalb der Raufußhühnerfamilie. Es erstreckt sich zwischen 48° und 76° nördl. Br. und zeichnet sich durch eine Vielfalt klimatischer und ökologischer Bedingungen aus. Neben dem jahreszeitlich bedingten Gefiederwechsel unterliegen auch andere Körpermerkmale, Physiologie und Verhalten der Vögel einem ausgeprägten jahreszeitlichen Wechsel. Darüber hinaus können viele Teilpopulationen im Herbst und Winter Hunderte von Kilometern weit wandern, um den Extrembedingungen des Nordens auszuweichen – aus der arktischen Tundra in die locker bestockte Waldtundra. Dies steht ganz im Gegensatz zu den überwiegend sesshaften Geschwisterarten. Anders als Auer-, Birk- und Haselhühner, die im Winter konkurrenzlos ihre Zweig- und Nadelnahrung in den Baumkronen finden, müssen Moorschneehühner ihre Zwergstrauchnahrung außerhalb der Waldzone am Boden suchen, wo sie mit Säugetieren konkurrieren.

Die Gavalia-Hütte im Dovrefjell liegt in einem Schwerpunktgebiet der norwegischen Schneehuhnforschung.

Moorschneehuhn-Lebensraum am Fluss Omtschik bei Magadan im strengen sibirischen Winter

Im März ist die Tundra am Unterlauf der Kolyma noch in Eis und Schnee gehüllt, bevor die Moorschneehühner ihre Reviere beziehen.

Dass das Moorschneehuhn eine Charakterart der Tundra und Waldtundra darstellt, gilt nicht nur heute, sondern es galt auch schon zu der Zeit, als das Mammut in den Kälteepochen der erdgeschichtlichen Vergangenheit im Raum zwischen Alaska und Asien seine Fährten über die Tundren zog, die heute unter der Beringsee liegen. Durch verschiedene Besonderheiten im Körperbau und Verhalten gelang es dem Moorschneehuhn, auch unter widrigen Klimabedingungen und -schwankungen seine zirkumpolare Verbreitung zu erhalten. Die harte Zweignahrung – Knospen, Kätzchen und Zweigstücke von Weiden und anderen Zwergsträuchern – wird vorwiegend in den Blinddärmen aufgeschlossen. Es sind die relativ längsten innerhalb der Raufußhühnerfamilie. Mit seiner besonders in der zweiten Winterhälfte nur begrenzt verfügbaren Nahrung steht das Moorschneehuhn in Konkurrenz mit Elch und Schneehase. Ihm kommen umgekehrt aber auch die Fressgewohnheiten von Rentieren entgegen, lokal auch von Pferden, die mit ihren Hufen die Bodenvegetation vom Schnee befreien. So mögen es vielleicht auch Mammut und Bison vor 15.000 Jahren im gleichen Lebensraum gehalten haben. Auf diese Weise erschließt sich das Moorschneehuhn ein großes Spektrum von Lebensräumen und kann gelegentlich sehr große Bestände aufbauen. Maxima

oben: Im Kolyma-Bergland lebt das Moorschneehuhn in den weidenreichen Auen.

Mitte: In der Hitze Ende Mai hechelt der Hahn, seine Mauser zum Sommerkleid ist fortgeschritten.

unten: Die bunte Herbstpracht von Alpenbärentraube und Zwergweide im Lebensraum des Moorschneehuhns.

Beim alten Hahn schreitet die Mauser kopfwärts fort. Die dick befiederten Zehen und Läufe sind schon im Winterkleid. Mitte September, Kluane Nationalpark, Kanada.

Moorschneehahn in der Kolyma-Tundra im Prachtkleid Ende Mai.

in der Siedlungsdichte können im Norden in Abständen von 3 bis 4, 5 bis 6 oder auch 10 bis 11 Jahren auftreten. Das bedeutet eine hohe Dichte der Brutpaare in günstigen Zeiten und dann auch ein Maximum der Gelegegröße: Im Kolyma-Delta kann ein Gelege bis zu 16 Eier enthalten! Echte Monogamie und die regelmäßige Beteiligung der Männchen an der Brutpflege sind in der Raufußhuhnfamilie ein Sonderfall. Schließlich erlauben Verhaltensbesonderheiten und Körperbau dem Moorschneehuhn Fernflüge zwischen der arktischen Tundra und den Randbereichen der Waldtundra, eine Eigenschaft, die im Winter nahrungsreiche Räume erschließt und regional zu Bestandsveränderungen führt.

Vagabunden der Tundra

Ein besonderer Fall solcher Bestandsveränderungen wurde aus dem Nordosten Sibiriens beschrieben: Hier werden lokale zyklische Bestandsschwankungen wahrscheinlich durch Übernutzung der

Herbst im Kluane-Nationalpark, British Columbia. Moorschneehühner nutzen auch die lückige Gebüsch- und Waldzone.

Nahrungsvorräte ausgelöst, besonders der oft knappen Winternahrung. Die nahrhaften Knospen und die dünnen Spitzenstücke der Weidenbüsche werden dann Mangelware. Der Kenner merkt dies am Inhalt der Kotwürstchen: Je dicker die abgebissenen Zweigstücke sind, umso schwerer verdaulich werden sie. Der Energiegewinn sinkt, je größer der Holzanteil wird. Es wird Zeit, den schlechten Bedingungen auszuweichen. Die regionale Siedlungsdichte der Moorschneehühner verringert sich dann entweder durch Abwanderung in günstigere Gebiete oder durch höhere Sterblichkeit und geringere Vermehrung am Ort.

Nach einem Maximum der Dichte bricht in den Folgejahren der Bestand ein, während in 50–70 km Entfernung die Dichte ansteigt. Der Besiedlungsschwerpunkt der Population verlagert sich Jahr für Jahr weiter, bis er am Ende wieder das Ausgangsgebiet erreicht, wo sich die Nahrungspflanzen inzwischen erholt haben. Der Zyklus beruht also auf einer variablen räumlichen Verteilung der Moorschneehuhndichte in der Großlandschaft. Die Erforschung solcher Zusammenhänge in den Lebensräumen des Nordens bedarf besonderer Methoden.

Physiologische Anpassung im Fernen Osten Sibiriens

Moorschneehühner sind auch physiologisch Wunder der Anpassung an extreme Winterbedingungen der Arktis. Im Norden von Magadan bei 69 Grad

Ein Flug Moorschneehühner im schwedischen Flatruet. Ende September haben sie die von Schnee befreiten Weideplätze der Rentiere zur Nahrungssuche genutzt.

nördlicher Breite wurden dazu grundlegende Experimente angestellt: Die Versuche zum Energiehaushalt handzahmer Moorschneehühner im Labor und im Freiland ergaben, dass der Stickstoffgehalt der Nahrung von zentraler Bedeutung ist. Bereits geringe Unterschiede in der Freilandnahrung hatten starke Auswirkungen auf den individuellen Stoffwechsel. Das Angebot an Weiden als bevorzugter Winternahrung sagt zunächst nichts über die Qualität aus. Mit steigender Höhe und Dichte der Schneedecke änderte sich nämlich die Nahrungsverfügbarkeit. Im Herbst wurden im Kolyma-Tal sehr dünne Weidenzweige und Zwergbirkenknospen gefressen. Im Dezember bei höherer Schneedecke überwogen stärkere Weidenzweigstücke und Blütenknospen. Im März war die Knospennahrung aufgezehrt und die Zweigabbisse wurden noch dicker. Wenn die verfügbaren Zweigenden zu dick wurden, mussten die Hühner zum Schälen der Weidenrinde übergehen. Diese ist zwar nährstoffreich, aber die Vögel verbrauchen damit viel Zeit, um den Kropf zu füllen. Gleichzeitig ändert sich auch die chemische Zusammensetzung der Nahrung: Mit fortschreitendem Winter nimmt der Eiweißgehalt ab und der Rohfasergehalt zu. Erst mit der Schneeschmelze wird das wieder besser. All das bringt die Hühner in einen energetischen Engpass, der durch Schneehöhe, Dichte der Population, Windverhältnisse und Konkurrenz mit anderen Weidenfressern noch verstärkt wird. Dem Eiweißmangel müssen die Hühner begegnen, indem sie eigene Körperreserven abbauen – sie verlieren an Gewicht.

Wie die Spuren im Schnee zeigen, haben die Moorschneehühner an Weiden und Strauchbirken Nahrung gesucht. Tydal, Norwegen.

Strauch- und Zwergbirken bilden im Dovrefjell bunte Mosaike im Verein mit Zwergweiden und Heidegewächsen – Zweig- und Beerennahrung für Moorschneehühner.

Klimaeffekte und Kükennahrung in Norwegen

Der Dovrefjell-Nationalpark in Mittelnorwegen ist vielen bekannt. Die moderne Moorschneehuhnforschung hat dort und auf einigen Inseln ihre Schwerpunkte, u.a. durch die Pionierarbeiten der Norweger Svein Myrberget und später Hans-Christian Pedersen. Im Mittelpunkt ihrer Forschung standen die Fragen: Welche Faktoren beeinflussen die starken Bestandsschwankungen? Welchen Einfluss haben dabei Fressfeinde und Klima, aber auch die Bejagung? Denn Schneehühner sind beliebte Jagdobjekte in Norwegen.

Die durch Feinde verursachten Nestverluste schwankten jährlich stark von 0 bis 50 %, im Mittel waren es 15 %. Die Verluste an brütenden Hennen variierten von 0 bis 29 % (im Mittel 5 %). Je höher die Nestdichte war, umso höher waren auch die Verluste. Bei gut versteckten Nestern waren die Verluste geringer. Dabei spielt die Erfahrung der Bruthenne eine Rolle: Junghennen wählen oft schlechtere Deckung als alte. Dabei siedeln sich die Jungvögel gern in der Nähe der Alten an, sodass Dichtezentren entstehen. Bei der Wahl nahrungsreicher Lebensräume wurden artenreiche Krautwiesen und Moorvegetation nahe der Baumgrenze bevorzugt und trockene, von Felsen unterbrochene Flechtenteppiche schon wegen ihrer Deckungsarmut eher gemieden.

Die moderne Forschung konnte zuerst die klassische, bereits 1952 aufgestellte „alternative-prey"- Hypothese am Beispiel des Moorschneehuhns bestätigen: In guten Mäusejahren frisst der Fuchs mehr Mäuse anstelle der schwerer zu erbeutenden Hühner, sodass der Bruterfolg der Hühner steigt und sich damit auch die Population vergrößert. Allerdings wirkt das Klima heute stärker auf den jährlichen Bruterfolg ein als die Kleinsäugerdichte, die bis 1990 entscheidend war. Die Abschwächung des Nagereinflusses wird mit Änderungen der Landnutzung und des Klimas erklärt: Die Kleinsäugerzyklen wurden im Zuge der Klimaerwärmung gestört, und die Fuchsdichte stieg durch veränderte Landnutzung an. Beim Klima spielt das Phänomen der „Nordatlantischen Oszillation" NAO von Mai bis Juli eine wichtige Rolle. Von dieser hängen Temperatur, Niederschlag, die Qualität der Pflanzennahrung und somit auch die Kleinsäugerdichte ab. Die Ergründung dieser komplexen Zusammenhänge wird die Forschung auch noch in Zukunft beschäftigen.

Der alte Hahn im späten Frühling an der Kolyma trägt noch Reste des Winterkleids.

Insektennahrung ist als Eiweißquelle während der frühen Jugendentwicklung der Hühner unverzichtbar. Auf der norwegischen Insel Tranøy wurde die Kükennahrung an unterschiedlich alten Jungen studiert. Auf dieser rund 130 ha großen Insel erreichte das Moorschneehuhn enorm hohe Dichten: 118 Paare 1967, 32 Paare 1974 und 33 Paare 1975. Insekten spielten in der Kükennahrung vor allem während der frühen Entwicklungsphasen die Hauptrolle. Sie machten an den ersten drei Lebenstagen rund 60 % des Trockengewichts der Nahrung aus, bei den 4 bis 9 Tage alten Küken sank der Insektenanteil auf 40 % und bei 10 bis 19 Tage alten Küken auf 20 %. Bei Küken, die älter als drei Wochen waren, betrug der Insektenanteil nur noch 5 %. Bei den Insekten wurden dann offenbar größere bevorzugt, doch waren diese selten. Gleichzeitig stieg der Pflanzenanteil. Bei den Bodenpflanzen wurden Blätter, Blüten und Früchte von Heidel- und Rauschbeere und die Brutknospen des Knöllchenknöterichs *Polygonum viviparum* bevorzugt. Der Knöterich bietet unter diesen das meiste Rohprotein. Auch der Bedarf an Stickstoff und Phosphor wird mit der Pflanzennahrung gedeckt, daneben spielt Vitamin C eine wichtige Rolle.

Revierverhalten in der Tundra Nordost-Sibiriens

Die alten Hähne kehren ab Anfang Mai in die Tundra zurück – so war es jedenfalls in den 1980er- und 1990er-Jahren. Zu dieser Zeit wechseln sie ihr

Kleid. Kopf, Hals und Brust werden dunkelbraun, das übrige Körpergefieder bleibt vorerst weiß. Die Weibchen und die Jungvögel des Vorjahres kommen erst gegen Ende Mai in die Brutgebiete, wenn der Schnee schmilzt und die schneefreien Flächen sich rasch vergrößern. Die Paare finden wieder zusammen oder bilden sich neu. Die Hennen mausern in ihr getarntes Brutkleid und legen an Gewicht zu, um für die Brutzeit vorbereitet zu sein. Die Eiablage folgt Anfang Juni, und ab etwa 10. Juni wird gebrütet. Zu dieser Zeit nimmt ein Paar ein Revier von 2 bis 3 ha in Anspruch. Der Hahn markiert und verteidigt die Fläche – immer noch in seinem braun-weißen Frühjahrskleid. Das dauert bis etwa 20. Juni, wenn der Schlupf der Küken beginnt und der Hahn sein auffälliges Imponierkleid rasch ablegen muss, um sich getarnt im Sommerkleid beim Führen des Nachwuchses zu beteiligen.

Beim Gesang streckt der Moorschneehahn den Hals schräg nach oben. Flatruet, Schweden.

Die auffälligsten Verhaltensweisen des Revierinhabers sind der Schauflug mit Reviergesang und die Markierstrophe. Die Schauflüge reichen bei hoher Siedlungsdichte nur 70 bis 100 Meter weit, bei geringer Dichte 250 bis 300 Meter. Dabei beginnt der Hahn mit einem niedrigen stummen Anflug in 2 bis 5 Metern Höhe, am Ende steigt er im Kreisflug 8 bis 12 Meter hoch auf und landet mit schwirrenden Flügelschlägen. Dabei äußert er seinen Reviergesang: „kek...kawa-kawa-kawa...kaweo-kaweo-kaweo“. Das „kawa-kawa-kawa“ während des Kreisens erinnert an ein wildes Gelächter über der Landschaft, das „kaweo“ erklingt nach dem Landen. Recht häufig schließt sich daran die Markierstrophe an, bei der der Hahn mit gestrecktem Hals auf einem Strauch oder einer hohen Bulte steht. Sie beginnt mit kurzen Elementen wie dem Gesang und endet mit einem sich beschleunigenden harten Triller, verkürzt zu umschreiben mit: „kwek-ke-krrrrr“. Diese Markierstrophen werden oft in der Morgen- und Abenddämmerung von der Warte aus vorgebracht. Sie sind aggressiv motiviert, das heißt sie erklingen umso häufiger, je größer die Revierdichte ist. Manchmal treffen sich zwei Nachbarhähne an der Reviergrenze und zeigen Parallelläufe oder -flüge. Am Boden imponieren sie mit ausgestrecktem Hals, hängenden Flügeln und horizontal ausgebreitetem Schwanz, wobei die aufgerichteten Rosen über den Augen und die schwarzen Steuerfedern mit ihren weißen Endsäumen demonstriert werden. Relativ selten finden echte Kämpfe statt. Zuweilen kommen auch 4 bis 6 Hähne aus benachbarten Territorien zusammen und bilden vorübergehend einen Gemeinschaftsbalzplatz.

Fakten Moorschneehuhn *Lagopus lagopus* Linnaeus 1758

Kennzeichen

Mit 500–700 g Gewicht schwerer als Alpenschneehuhn. Im Winterkleid völlig weiß – mit Ausnahme der weiß abgedeckten schwarzen Schwanzfedern. Männchen zur Balzzeit mit braunrotem Kopf, Hals und Brust bei sonst weißem Gefieder, mit aufrichtbaren roten Rosen. Rotbraunes Sommerkleid, bei Hahn und Henne mit hellen und dunklen Querbinden, Bauch und Beine bleiben weiß. Das Tarnkleid der Weibchen kann oberseits heller oder dunkler sein. Zwischen Juli und September findet eine Vollmauser statt, die auch die weißen Schwingen und die schwarzen Steuerfedern einschließt. Ab September erscheinen wieder mehr und mehr weiße Deckfedern. **Federtafel Seite 237.**

Areal, Verbreitung

Zirkumpolar verbreitet in Nordamerika, Europa und Asien, größtes Areal unter allen Raufußhühnern. Nördliche Arealgrenze bis 76° nördl. Br. Südliche Arealgrenze variiert zwischen 47° und 62° nördl. Br.
Verbreitungskarten: Storch (2000, 2007), Potapov & Sale (2013).

Balz, Lautäußerungen

Balz zwei Monate lang mit Maxima der Aktivität am Morgen und Abend. Markiergesang mit Hochrecken des Halses, Fächern des Schwanzes, Flügelspreizen, oft auf erhöhten Warten. Revierflüge bis 250 m Länge, mit Reviergesang und Rufen nach der Landung. Revierkämpfe ritualisiert, manchmal erbittert, gelegentlich mit Beschädigung des Gegners.

Brutbiologie

Monogam, Balz im April und Mai. Männchen verteidigen Reviere, die dann von den Weibchen aufgesucht werden. Bodennester – allein vom Weibchen angelegt – in niedriger Vegetation, gut getarnt in Zwergbirken, Weiden, Gras, Flechten oder

links: Henne mit kleinem Küken, die anderen werden gehudert. Kolyma-Tundra.

rechts: Gelege des Moorschneehuhns im Dovrefjell. Die weißen Bauchfedern fallen bei der Mauser des Brutflecks aus.

Heidekrautgewächsen. Gelegegröße 8–11 Eier (bis zu 16 im Kolymadelta), Legeabstand 24–38 Stunden. Legebeginn Mitte April in Skandinavien und Juni in Nordost-Sibirien. Brutdauer 21–24 Tage. Küken schlüpfen gleichzeitig, anschließend von Weibchen und Männchen gemeinsam geführt.

Lebensraum, Nahrung

Moore, Tundren, Heiden, Birkengebüsche, lockerer Wald der arktischen, subarktischen und nördlich-gemäßigten Zone mit reichem Vorkommen der Nahrungspflanzen: Birken, Zwergweiden, Zwergbirken und Heidekrautgewächse, auch Alpenrosen im asiatischen Teil des Areals. Im Winter Nutzung tiefer gelegener Habitate. Im Dovrefjell (Norwegen) liegt die obere Grenze der jährlichen Höhenverbreitung bei 1100 m ü. NN. Darüber siedelt das Alpenschneehuhn. Relativ längste Blinddärme unter allen Raufußhühnern, um Weidenzweigstücke und -knospen aufzuschließen. Konkurrenz mit Elch und Schneehase um die begrenzte Winternahrung.

Siedlungsdichte, Wanderungen

Frühjahrsdichte in der russischen Tundra 20–30, maximal 60 Paare/km^2. In Kanada 1–200 Ind./km^2. Meist sesshaft, aber Gruppenbildung im Herbst, dann auch 200–300 km weite Flüge in gemischten Gruppen bis zu 300 Vögeln in Sibirien. Variable Zyklusperioden der Population: 3–4, 5–6 oder 10–11 Jahre. 10-Jahreszyklus durch Lebensraumwechsel im Landschaftsaspekt.

Gefährdung, Schutz, Status

Verbreitet, lokal häufig, aber Rückzug aus Gebieten an der Südgrenze des Areals, z. B. aus Mooren in Estland. Geschützt im Baltikum, in Weißrussland und China, ansonsten wichtiges Jagdobjekt in Russland (Strecke > 1 Mill./Jahr), Skandinavien (> 0,5 Mill.). In der nördlichen Wildnis sind die Lebensräume nicht bedroht. Hinweise auf überhöhte Bejagung z. T. in Norwegen. Verluste durch Kollisionen mit Verkehr, Drahtzäunen, Masten von Windkraftanlagen und E-Leitungen allein in Norwegen auf > 100.000 pro Jahr geschätzt.

links: Jungvogel Ende Juli im Alter von ca. sechs Wochen. Malkatschan, Nordost-Sibirien.

rechts: Im Alter von drei Monaten mausern die Jungvögel ins Winterkleid und ähneln den Altvögeln. Finnisch Lappland.

Schottisches Moorschneehuhn

Ein Schneehuhn in brauner Heide

Diese auf den milden atlantischen Norden der Britischen Inseln in Schottland, Nordengland und Irland beschränkte Population wird in der Literatur als Unterart des Moorschneehuhns geführt, solange sich die Taxonomen nicht anders entscheiden. Sie ist in ihrem Lebensraum ganzjährig auf Moor- und Heidegebiete spezialisiert. Die Schotten benutzen für diesen spezifischen Lebensraum den Begriff „grouse moorland". In diesem Lebensraumtyp ist die Jagd auf das Schottische Moorschneehuhn die wichtigste Form der Landnutzung. Durch Heideverjüngung, meist mithilfe von Brennen erzeugt, und starke Bejagung aller Beutegreifer werden z.T. so hohe Dichten der Hühner für die Jagd erreicht, dass sogar Darmparasiten als Dichteregulatoren lokal zum Problem geworden sind. Hahn und Henne sind zu allen Jahreszeiten braun gefärbt, ein weißes Winterkleid fehlt weitgehend. Auf diese Weise ist die Anpassung an schneereiches kaltes Klima – sonst typisch für Raufußhühner – bei dieser Population teilweise verloren gegangen. Das Verhalten entspricht ansonsten weitgehend demjenigen des Moorschneehuhns, wenn auch der Reviergesang lokal abweicht.

◀ Im selten fallenden Schnee ist die Henne des Schottischen Moorschneehuhns auffällig.

◀ Der Hahn imponiert im kupferroten Kleid mit aufgerichteten Rosen.

Heidelebensraum im Schottischen Hochland (Abernethy Forest) am Rande des Cairngorms National Parks.

In solchen durch Heidebrennen geformten Lebensräumen erreicht das Schottische Moorschneehuhn höchste Populationsdichten.

Schottischer Moorschneehahn „steht auf dem Posten“. Von der erhöhten Warte aus überblickt er sein kleines Revier.

Der Hahn bewegt den Schnabel im Takt des Gesangs.

Isoliert auf den Inseln

Genetiker schätzen, dass vor ca. 6000 Jahren die Abspaltung des Schottischen Moorschneehuhns vom Moorschneehuhn erfolgt ist, als sich die Britischen Inseln vom europäischen Festland trennten. Danach gab es auch keinen Hinweis auf eine genetische Vermischung der beiden Unterarten, auch nicht zwischen den Populationen des Schottischen Moorschneehuhns von Irland und den Britischen Inseln. Das Schottische Moorschneehuhn zeichnet sich als ein charakteristischer Bewohner der Moore und Heiden Großbritanniens und Irlands durch eine Reihe von Besonderheiten aus: Am auffälligsten ist das Fehlen eines weißen Winterkleids, das Gefieder bleibt zu allen Jahreszeiten überwiegend braun. Als Erbe der gemeinsamen Vorfahren haben jedoch in Nordost-Schottland auch einige Schottische Moorschneehühner verstreute weiße Federn im sonst braunen Kleid, im Winter weisen viele sogar weiße Unterflügeldecken und eine weiße Bänderung auf.

Hahn sichert mit voll aufgerichteten Rosen.

Der Hahn ist angespannt, bevor er zu singen beginnt.

Die Gefiederfärbung und offenbar auch der Reviergesang sind jedoch lokal verschieden. In Nordengland gleicht der Gesang eher dem des Moorschneehuhns. Anders im schottischen Speyside-Gebiet – dort reagierten die Hähne auf von uns vorgespielte Tonaufnahmen des Moorschneehuhn-Gesangs nur schwach, wie wir mehrfach feststellen konnten. Ihrer Strophe fehlte die „kaweo-kaweo"-Sequenz am Ende des Reviergesangs. Das zeigen auch die Sonagramme der Gesangsstrophen.

Lebensraum aus Menschenhand

Die Rodung des Kaledonischen Kiefern-Urwalds in Schottland begann schon vor Jahrhunderten. Reste dieses herrlichen Waldes mit urigen Riesenkiefern kann man heute noch in den geschützten Wäldern von Abernethy oder um Balmoral Castle bewundern. Der Waldanteil von Schottland betrug zeitweise nur noch 11 %. Inzwischen ist er durch Aufforstungen, z. T. mit exoti-

Im April haben sich die meisten Paare zusammengefunden.

schen Nadelbäumen, auf 16 % gestiegen. Angestrebt werden 25 %. Aber immer noch wird die offene Landschaft Schottlands von Heiden und Mooren geprägt. Das Moorschneehuhn ist im schottischen Hochland an diesen sehr spezifischen Lebensraum angepasst, wie ihn Adam Watson und Robert Moss stimmungsvoll beschreiben: Millionen von Hektar Heide-Moorland bieten zu allen Jahreszeiten eindrucksvolle Bilder, besonders aber im August-September, wenn sich die Hügel durch die blühende Besenheide rosa bis purpurrot färben. In der frühen Morgendämmerung, fast noch im Dunklen, erschallt dann irgendwo der erste Reviergesang des Schottischen Moorschneehahns, der sein kleines Revier markiert. Vom Hügel gegenüber antwortet ein Nachbarhahn und innerhalb weniger Minuten erhebt sich ein wildes Konzert aus den Kehlen einer ganzen Hahnenschar.

So leben die meisten Schottischen Moorschneehühner in einem Meer von Heide, das ihnen unbegrenzte Nahrung und Deckung bietet. In der Regel werden mehr Jungvögel groß als Alte sterben. Unter solchen Umständen schöpfen die Herbstjagden den Überschuss ab, ohne die Frühjahrspopulation im Folgejahr zu vermindern.

Revierverhalten und Siedlungsdichte

Schottische Moorschneehühner sind territorial. Jedes Frühjahrsrevier wird durch einen Hahn verteidigt, der meist mit einer Henne verpaart ist. Im Sommer lockert sich das Reviersystem und Familien – Paare mit ihren Jungen –

Im Frühjahr werden Heideflächen kontrolliert abgebrannt, um die Heideverjüngung in Gang zu setzen.

bewegen sich frei im Raum ohne Reviergrenzen. Nur in der Dämmerung kann es vorkommen, dass ein Männchen seine Brut verlässt, sich in sein Revier begibt, um kurz zu singen, und dann wieder zur Familie zurückkehrt.

Im Herbst, wenn die Jungen ausgewachsen sind, kehrt die ganze Familie ins Stammrevier zurück, dessen Grenzen der Hahn nun vehement verteidigt. Die Junghähne beginnen um diese Zeit auch aggressiv zu werden, nutzen aber das Elternrevier als Basis, von der aus sie versuchen, eigene Reviere in der Nähe zu gründen. Sobald dies erreicht ist, brechen die Familien auseinander. Erfolglose junge Hähne können sich mit anderen revierlosen Hähnen zusammenschließen und umherziehen. Ein Teil der revierlosen Hähne überlebt das Ende des Winters nicht. Unter natürlichen Bedingungen, d.h. ohne Reduktion der Beutegreifer, kommt auch ein Teil der Revierbesitzer ums Leben, sodass die umherstreifenden Hähne die frei gewordenen Reviere besetzen können. In diesem Fall wird die Revierzahl im Frühling mehr oder weniger bereits durch die Revierkonkurrenz im Herbst und den Feindeinfluss bestimmt.

Anders in den „grouse moors“, in denen die „game keeper“ fast alle Beutegreifer vernichten. Hier überleben nahezu alle Revierbesitzer den Winter und bilden im Frühjahr die angestiegene Brutpopulation.

Die Hennen finden ihren Platz im Reviersystem durch Verpaarung mit einem

Landschaftsmosaik mit unterschiedlich alten Heidekrautstadien als Ergebnis der Brandwirtschaft.

Revierbesitzer. Bei einigen erfolgt die Paarbildung bereits im Herbst und hält bis ins Frühjahr, andere Hennen wechseln die Hähne bis zum Termin der Eiablage. Manchmal wandern die Weibchen vor der Eiablage ab. Das sind meist junge Vögel. Sie weichen bei sehr hoher Dichte von 100 Revieren pro Quadratkilometer aus. Fazit: Das Sozialverhalten der Moorschneehühner bestimmt die Populationsdichte, im konkreten Fall durch das Revierverhalten der Hähne im Herbst – ein Beispiel dafür, dass Vögel ihre Dichte selbst regulieren können.

Ursachen von Bestandsschwankungen

Die schottischen Raufußhuhn-Forscher haben Bestandsschwankungen intensiv – auch experimentell – untersucht. Die Bestände aller vier Raufußhuhnarten Britanniens fluktuieren gemeinsam unter dem Einfluss des Wetters, wobei die Nordatlantische Oszillation NAO eine Rolle spielt. In großen, unzerschnittenen Lebensräumen unterliegen Schottisches Moorschneehuhn und Alpenschneehuhn einer „instabilen" Dynamik ihrer Bestandsdichte, die nur manchmal in Form von Zyklen beobachtet werden kann. Im Gegensatz dazu zeigen Auer- und Birkhuhn auf der Insel keine zyklischen Bestandsschwankungen, anders als z. B. in Skandinavien. Den Hauptgrund sehen die Forscher in der starken Lebensraum-Fragmentierung in Großbritannien. Zerstückelte Lebensräume unterdrücken zyklische Bestandsschwankungen.

Wetter, Nahrung, Feinde, Parasiten und Krankheiten beeinflussen den Populationsanstieg nach einem Tief sowohl direkt über Vermehrung und Sterblichkeit als auch indirekt über das Sozial- und Raumverhalten, d. h. über Ortsveränderungen der Hühner. In Experimenten mit dem Sexualhormon Testosteron wurde gezeigt, dass beim Schottischen Moorschneehuhn eine Bestandsregulierung über das Revierverhalten erfolgt: Aggressive Hähne erkämpfen bereits im Herbst größere Reviere, und damit sinkt die Siedlungsdichte pro Fläche. Diese Besonderheit des Schottischen Moorschneehuhns scheint aber nicht übertragbar auf Raufußhuhn-Arten mit anderem Sozialverhalten zu sein.

Der in der abgebrannten Fläche singende Hahn findet kaum Deckung.

Schneehuhnjagd als Sonderfall der Landnutzung

Das Management ganzer Heidelandschaften mit dem Ziel, höchste Moor-

schneehuhndichten zu erreichen, hat auf der Insel lange Tradition, besonders in den Privatjagden der großen Landbesitzer. Im zeitigen Frühjahr werden Heideflächen kontrolliert mosaikartig abgebrannt – für uns Mitteleuropäer ein ungewohnter Anblick. Dort verjüngen sich danach die Heide und andere Nahrungspflanzen. Die Düngung durch die Asche erhöht sicher auch den Nährwert der Nahrungspflanzen und die Mineralstoffversorgung der Vögel. Auf diese Weise stehen ihnen in der Landschaft unterschiedliche Altersstadien der Besenheide als wichtigste Deckungs- und Nahrungspflanze zur Verfügung: Die jüngeren Heidestadien liefern reiche Nahrung, die älteren bessere Deckung für die Vögel selbst und ihre Nester. In aktuellen ökologischen Untersuchungen wird jedoch ein negativer Einfluss auf Wasserqualität und Klima als Folge dieser Form der Brandwirtschaft festgestellt. Durch Jagdgehilfen (game keeper) werden Beutegreifer systematisch eliminiert, besonders der Fuchs, aber auch Greifvögel. Dieses naturferne Management führt letztlich zu dem Phänomen, dass die lokal extrem erhöhte Siedlungsdichte nicht mehr durch die natürlichen Feinde, sondern durch Darmparasiten reguliert wird.

oben: Der Hahn benutzt eines der „butt“ genannten Verstecke aus Lesesteinen als Singwarte, wo später die Jäger bei der Treibjagd Deckung suchen.

Mitte: Die Treiber formieren sich in breiter Front und schwenken Tücher, um die Hühner hochzujagen und in Richtung der Schützen zu lenken.

unten: Die Suchjagd mit dem Vorstehhund wird meist bei geringer Hühnerdichte betrieben.

Die abfliegende Henne Mitte August zeigt Mauserlücken im Flügel.

Bei Schneelage in den schottischen Highlands im Dezember fallen die Winterverbände der Hühner besonders auf. Im Unterflügel zeigen sie weiße Partien.

In den begehrtesten Hühnerjagdgebieten werden von Sportschützen hohe Preise pro Jagdtag gezahlt, für den Landbesitzer eine lohnende Einnahmequelle, die mit extensiver Schafhaltung oder Aufforstung als Alternativen nicht erreichbar wäre. Fraglich ist, ob die in privaten Besitzungen praktizierte radikale Reduktion der Beutegreifer mit anderen gesellschaftlichen Zielen, der Erhaltung hoher Artenvielfalt, künftig noch in Einklang zu bringen ist.

Nach alter Tradition werden Schottische Moorschneehühner in Nordengland und den Schottischen Highlands meist auf Treibjagden erlegt. Die Treiberkette formiert sich in breiter Front und versucht durch Schwenken von weißen oder farbigen Tüchern die Hühner auf die Stände der Schützen zuzutreiben und zum Auffliegen zu bringen. Die Jäger stehen bis in Brusthöhe gedeckt in „butts", Steinwällen, die an passenden Stellen im Gelände verteilt sind. Auf diese Weise werden die Hühner je nach der Größe des Landbesitzes aus 80–400 ha großen Flächen aufgetrieben. Diese Jagdmethode erfordert hohe Dichten an Moorschneehühnern. Bei geringer Hühnerdichte wird eher die übliche Suchjagd mit Vorstehhunden ausgeübt. Die Abschussquoten schwankten zwischen 20 und 200 Hühnern pro Quadratkilometer in Nordengland. Als Maximum wurde die unglaubliche Zahl von 280 Hühnern pro Quadratkilometer abgeschossen! Eine solche Maximierung einer jagdbaren Art zu Ungunsten anderer Arten und eines ganzen Ökosystems würde in Kontinentaleuropa wenig Zuspruch finden. Auch in Großbritannien nehmen kritische Stimmen zu.

Bei einigen Hühnern fallen weiße Federn auf, besonders im Norden Schottlands.

Federn des Schottischen Moorschneehuhns mit Ei und Küken: ohne Geschlechtsangabe – nur geringe Geschlechterunterschiede, daher Hahn und Henne kombiniert: 1 Handschwinge, 2 Armschwinge, 3 Schulterfeder, 4 Oberschwanzdecke, 5 äußere Steuerfeder, 6 mittlere Steuerfeder, 7 Scheitelfeder, 8 große Oberarmdecke, 9 Brustfeder Hahn, 10 Brustfeder Henne, 11 Unterschwanzdecke, 12 Ei, 13 Küken, 14 Flankenfeder, 15 Bauchfeder, 16 Rückenfeder, 17 Halsfeder vorn, Henne, 18 Halsfeder vorn, Hahn. Original, Farbstiftzeichnung F. Müller.

Fakten Schottisches Moorschneehuhn

Lagopus (lagopus) scotica (Latham 1787)

Areal

Auf Irland und Großbritannien beschränkt. Weit verbreitet in Schottland und Wales, auf Inneren und Äußeren Hebriden, Orkney Inseln, Hochlagen von Nordengland. Verbreitungskarte: Balmer et al. (2013).

Kennzeichen, Artenvergleich

Einziges Schneehuhn ohne Weißfärbung im Winterkleid mit Ausnahme einiger weißer Federn bei Vögeln im Norden Schottlands. Unterschiedliche Farbmorphen, besonders der Männchen, gestaffelte Mauser. Im Gefieder des Hahns überwiegen rostrote Töne, das Hennengefieder ist heller mit dunkler und heller Sprenkelung und Bänderung. Mittlere Gewichte im Jahresverlauf: Hahn 610–690 g, Henne 550–670 g.

Balz, Lautäußerungen

Höhepunkt der Balz in 2. Aprilhälfte. Im Herbst kämpfen Hähne um Revierbesitz, besonders bei hoher Dichte. Die Strophe (Gesang) ist lokal von der des Moorschneehuhns verschieden. Klangattrappe mit Moorschneehuhngesang wirkt nur teilweise, nicht bei allen Individuen und in allen Regionen.

Brutbiologie

Monogamie, Paarbildung meist schon im Herbst. Reviersystem. Weibchen formt einfache Nestmulde. Eiablage beginnt Anfang bis Mitte Mai, Nachgelege bei Brutverlust. Gelegegröße 6–11 (2–19), Mittelwert 8 Eier. Brutdauer 20–25 Tage, Küken schlüpfen fast gleichzeitig, werden von beiden Eltern geführt.

links: Die Henne führt einen etwa zwei Wochen alten Jungvogel.

rechts: Henne in ihrem Nahrungslebensraum: Heide und Gräser spielen ganzjährig eine Rolle in der Ernährung.

Lebensraum, Nahrung

Offene Moore und Heiden, sowohl in ebenem als auch im bergigen Gelände mit Besenheide *Calluna vulgaris* und anderen Zwergsträuchern als wichtigen Nahrungspflanzen; auch Wollgrasblüten im Frühjahr als erste wichtige Eiweißquelle vor dem Legen. Zyklisches Brandmanagement führt zu fleckenartig in der Landschaft verteilten Verjüngungsstadien der Heide mit jungen Stadien als Nahrung und älteren Stadien zur Deckung. Im Frühjahr suchen die Weibchen Grenzlinien zwischen Heide- und Grasflächen auf, wohl wegen reicherem Nahrungsangebot. Auch die Gesperre bevorzugen grenzlinienreiche Habitate, wo Deckung und Nahrung in enger Verzahnung zu finden sind. Berufsjäger (game keeper) reduzieren Beutegreifer so effektiv, dass hohe Dichte und Jagdstrecken der Hühner ermöglicht werden.

Siedlungsdichte, Ortsbewegung

Britische Population 1970 auf 500.000 Paare geschätzt, 1990 auf etwa die Hälfte, die irische auf ca. 5000 Paare. Dichte fluktuiert quasi-zyklisch mit Peaks alle 5 Jahre. Frühjahrs-Dichten schwanken zwischen 3 und 300 Ind./km^2 in Kern-Lebensräumen, z. B. für Balmoral Estate mit 200 Ind. /km^2. Neben Wettereinflüssen steuert Wurmbefall die Abundanz – ein Sonderfall bei Raufußhühnern, bedingt durch das Ausschalten natürlicher Feinde und die dadurch unnatürlich hohen Siedlungsdichten.

Hühner schließen sich im Herbst und Winter zu Flügen zusammen, von 2 bis über 100, überwiegend in kleineren Gruppen von weniger als 20 Individuen. Ortsbewegungen selten über 5 km.

Gefährdung, Schutz

Lebensraumverluste durch Aufforstung der Moore und Heiden. Der durch Rodung reduzierte Waldanteil Schottlands soll von 11 % erhöht werden auf 25 % (heute ca. 16 % erreicht). Als wichtiges Jagdobjekt ist die Population nicht bedroht. Nach den Regeln der Ökologie sollte sie aber auch mit ihren natürlichen Feinden überleben – in geringerer Dichte.

links: Das wenige Tage alte Küken drückt sich in der Heide.

rechts: Die Schwingen der heranwachsenden Jungen überragen das Körperende, die braune Kopfplatte ist jedoch noch nicht vermausert.

Federn des Alpenschneehuhns mit Ei und Küken: ohne Geschlechtsangabe – nur geringe Geschlechterunterschiede, daher Hahn und Henne kombiniert: 1 Handschwinge, ganzjährig, 2 Armschwinge, ganzjährig, 3 Schulterfeder Henne, Sommer, 4 Oberschwanzdecke Henne, Sommer, 5 mittlere Steuerfeder, Sommer, 6 äußere Steuerfeder, ganzjährig, 7 Scheitelfeder, Sommer, 8 obere Armdecke, ganzjährig, 9 Rückenfeder, Sommer, 10 Brustfeder Hahn, Sommer, 11 Brustfeder Henne, Sommer, 12 Ei, 13 Küken, 14 Flankenfeder, Sommer, 15 Halsfeder Hahn, Sommer, 16 Halsfeder Henne, Sommer, 17 Scheitelfeder, Sommer, 18 Unterschwanzdecke, ganzjährig. Original, Farbstiftzeichnung F. Müller.

Federn des Moorschneehuhns mit Ei und Küken: ohne Geschlechtsangabe – nur geringe Geschlechterunterschiede, daher Hahn und Henne kombiniert: 1 Handschwinge, ganzjährig, 2 Armschwinge, ganzjährig, 3 Schulterfeder Henne, Sommer, 4 Oberschwanzdecke Henne, Sommer, 5 mittlere Steuerfeder, Sommer, 6 äußere Steuerfeder, ganzjährig, 7 Scheitelfeder, Sommer, 8 obere Armdecke, ganzjährig, 9 Flankenfeder Hahn, Sommer, 10 Rückenfeder Hahn, Sommer, 11 Unterschwanzdecke Henne, Sommer, 12 Ei, 13 Küken, 14 Flankenfeder Henne, Sommer, 15 Halsfeder Hahn, Sommer, 16 Brustfeder Henne, Sommer, 17 Brustfeder Hahn, Sommer, 18 Halsfeder Henne, Sommer, 19 Scheitelfeder Henne, Sommer. Original, Farbstiftzeichnung F. Müller.

Balz der Raufußhühner im Film

Auerhuhn

Bodenbalz eines älteren Auerhahns in Hamra, Mittelschweden. Der Hahn demonstriert seinen Revieranspruch durch optische Signale wie rote Rosen, gespreizten Kehlbart und erhobenen Schwanzfächer sowie durch die Gesangsstrophe mit Knappen, Triller, Hauptschlag und Schleifen. Die gesenkten Flügel vergrößern seine Körperkontur. Am Ende vollführt er einen Flattersprung. Aufnahme: Siegfried Klaus.

Steinauerhuhn

Ein Steinauerhahn bei der Bodenbalz in einem Lärchenwald in der Mongolei. Sein endlos klappernder, kastagnettenartiger Balzgesang ist 1–2 km weit hörbar. Es folgt ein hoher, weittragender Revierflug. Drei Hennen fordern mit abgespreizten Flügeln zur Paarung auf. Aufnahme: Karl-Heinz Schindlatz.

Birkhuhn

Birkhähne markieren mit ihrem kullernden Gesang ihre kleinen Reviere auf einer Arena in Hamra, Mittelschweden. In Pausen zeigen sie Flügelhissen mit Zischen, das einem stark reduzierten Revierflug oder Flattersprung entspricht. Aufnahme: Siegfried Klaus.

Kaukasusbirkhuhn

Ein alter Hahn am Steilhang und ein Jährling im grau-braunen Jugendkleid. Danach intensive Werbung eines Hahns um die Henne im Kaukasus-Schutzgebiet Teberda, Dombaital, Russland: Imponierlauf, Niederhocken mit zuckendem Kopfschwenken und Paarung. Danach bringt der Hahn drei Flattersprünge mit zwitscherndem Flügelschall. Die für die Balz am Steilhang typische 180-Grad-Drehung beim Flattersprung fehlt auf der ebenen Fläche. Aufnahme: Ilya Ukolov.

Haselhuhn

Mit seiner hohen Pfeifstrophe markiert ein Haselhahn sein Revier im Südtiroler Bergwald. Die Abstände zwischen den Gesangsstrophen sind lang. Der Vogel wirkt dabei angestrengt. Am Ende äußert er eine Aggressivstrophe. Aufnahme: Siegfried Klaus.

Chinahaselhuhn

Ein Hahn frisst die im Herbst beliebten Früchte einer Ebereschenart im Lianhuashan-Schutzgebiet. Danach ein Revierstreit: Der Hahn im Bild läuft mit aufgerichteter Holle erregt hin und her, pickt auf den Boden und äußert die quiekende „Kampf-Strophe“, auf die ein Rivale im Dickicht antwortet. Danach hört man laut trommelnde Revierflüge vom Boden ins Weidendickicht, gefolgt von zwei Flattersprüngen, mit denen die Hähne ihren Revierbesitz demonstrieren. Aufnahme: Siegfried Klaus & Fang Yun.

Sichelhuhn

Dem spektakulären Doppelsprung eines Sichelhahns geht ein Hin- und Herlaufen in Imponierpose voran; dabei erzeugen die aufgerichteten Schwanzfedern leise, zischende Reibegeräusche. Dann äußert der Vogel einen ansteigenden, gedehnten Hupton mit Flügelvibrieren, gefolgt von einem Drehsprung, danach Landung und sofortigem Geradeaussprung. Beim Drehsprung ertönen ein einzelner Klicklaut, beim Geradeaussprung ein zweifacher Klicklaut vor der Landung. Alles geht auf einem winzigen Balzplatz im Dickicht der Ajanfichten in der Taiga am Amur vor sich. Aufnahme: Franz Hafner.

Alpenschneehuhn

Ein Paar ist beim Fressen am Berg Ötscher in Niederösterreich, im Hintergrund ruft ein zweiter Hahn. Das Porträt zeigt den schwarzen Zügel und die roten Rosen als typische Merkmale des Männchens. Die mit Federn bedeckten Füße tragen den Vogel auf der Schneedecke, auch das hangaufwärts rennende Paar sinkt nicht ein. Man hört den typischen knarrenden Reviergesang und Rufe. Beide Hühner nutzen die Deckung im löchrigen Tauschnee. In Ruhe kann der sich putzende Hahn die Rose unsichtbar machen. Aufnahme: Franz Hafner.

Moorschneehuhn

Die locker von Birken bestockte Landschaft im norwegischen Dovrefjell ist zur Balzzeit des Moorschneehahns noch von tiefem Schnee bedeckt. Ein Hahn rennt in Imponierhaltung durchs eng begrenzte Territorium, stoppt und äußert seinen Reviergesang. Es folgt ein weitgreifender geräuschvoller Revierflug. Die Mauser des weißen Winterkleids hat begonnen: an Kopf und Vorderhals tauchen die ersten rotbraunen Federn auf. Aufnahme: Jan Haft.

Schottisches Moorschneehuhn

Der Schottische Moorschneehahn verteidigt ein kleines Revier in der bergigen Heidelandschaft am Fuße der Cairngorm Mountains, Schottland. Beim Gesang wird der Hals nach oben und vorn gestreckt und unter Schnabelöffnen die Strophe geäußert. Sie unterscheidet sich regional von der des Moorschneehahns. Am Ende fliegt ein Paar ab. Aufnahme: Siegfried Klaus.

Die QR-Codes können mit entsprechender Software über die Kamera Ihres Mobiltelefons oder Tablets eingelesen werden und rufen im Internet eine Videodatei zur entsprechenden Vogelart ab. Bitte beachten Sie, dass je nach Einstellung und Tarif ihres Mobilgerätes dabei Kosten für die Internetverbindung entstehen können.

Literatur

Abrahams, C. (2019): Comparison between lek counts and bioacoustic recording for monitoring Western Capercaillie (*Tetrao urogallus* L.). Journal of Ornithology 160: 685–697.

Andreev, A.V. (1980): Anpassung von Vögeln an Winterbedingungen der Subarktis. Nauka, Moskau (russisch).

Andreev, A.V. (1981): Seasonal trends on some features of biology of willow grouse populations in north-east Asia. S. 96–106. In: Lovel, T.W. I. (Ed.): Grouse: Proceedings of the second International Symposium on Grouse at Dalhousie Castle, Edinburgh. World Pheasant Association, Exning.

Andreev, A.V. (1991): Winter adaptation in the willow ptarmigan. Arctic 44: 106–114.

Andreev, A.V. (1991): Winter habitat segregation in the sexually dimorphic Black-billed capercaillie *Tetrao urogalloides*. Ornis Scandinavica 22: 287–291.

Andreev, A.V. & Hafner, F. (1998): Zur Biologie des Sichelhuhns *Falcipennis falcipennis*. Limicola 12: 105–135.

Andreev, A.V. & Hafner, F. (2011): Winter biology of the Siberian grouse *Falcipennis falcipennis*. Ornithological Science 10: 87–97.

Andreev, A.V., Hafner, F., Klaus, S. & Gossow, H. (2001): Displaying behaviour and mating system in the Siberian spruce grouse *Falcipennis falcipennis*. Journal of Ornithology 142: 404–424.

Balmer, D.E., Gillings, S., Caffrey, B.J., Swann, R.L., Downie, I.S. & Fuller, R.J. (2013): Bird atlas 2007–11: the breeding and wintering birds of Britain and Ireland. BTO books, Thetford.

Bangjord, G., Haugskott, T. & Hammer, S. (2013): Svalbard birds – a basic field guide. Longyearbyen feldbiologiske forening, Longyearbyen.

Bergmann, H.-H. (1998): Natürliche Farbimprägnierung des Gefieders beim Alpenschneehuhn *Lagopus mutus*. Der Ornithologische Beobachter 95: 173–176.

Bergmann, H.-H., Klaus, S., Müller, F., Scherzinger, W., Swenson, J.E. & Wiesner, J. (1996): Die Haselhühner *Bonasa bonasia* und *B. sewerzowi*: Haselhuhn und Chinahaselhuhn. Die Neue Brehm-Bücherei Band 77, Westarp Wissenschaften, Magdeburg.

Bergmann, H.-H., Klaus, S. & Suchant, R. (2003): Auerhühner – schön, scheu, schützenswert. G. Braun Buchverlag, Karlsruhe.

Bergmann, H.-H., Klaus, S., Wiesner, J. & Vitovič, O.A. (1991): Die „stumme Balz": Lautäußerungen männlicher Kaukasusbirkhühner (*Tetrao mlokosiewiczi*) auf dem Balzplatz. Journal für Ornithologie 132: 267–278.

Boag, D.A. & Schroeder, M.A. (1992): Spruce Grouse. In: Poole, A., Stettenheim, P. & Gill, F. (Eds.): The Birds of North America No. 5. The Academy of Natural Sciences, Philadelphia; The American Ornithologists' Union, Washington DC.

Bollmann, K. (2018): Stürmische Zeiten für Raufusshühner im Bergwald. Der Ornithologische Beobachter 115: 239–254.

Bollmann, K., Jenni, L., Perrin, N. & Suter, W. (2008): Naturschutzforschung am Auerhuhn in der Schweiz: eine Übersicht. Der Ornithologische Beobachter 105: 5–16.

Bollmann, K., Mollet, P. & Ehrbar, R. (2013): Das Auerhuhn *Tetrao urogallus* im alpinen Lebensraum: Verbreitung, Bestand, Lebensraumansprüche und Förderung. Die Vogelwelt 134: 19–28.

Bossert, A. (1977): Bestandesaufnahme am Alpenschneehuhn *Lagopus mutus* im Aletschgebiet. Der Ornithologische Beobachter 74: 95–98.

Bossert, A. (1980): Winterökologie des Alpenschneehuhns (*Lagopus mutus* Montin) im Aletschgebiet, Schweizer Alpen. Der Ornithologische Beobachter 77: 121–166.

Bossert, A. (2006): Verlauf der Wintermauser des Alpenschneehuhns *Lagopus mutus* im Aletschgebiet, Schweizer Alpen. Der Ornithologische Beobachter 103: 159–173.

Bossert, A. & Isler, R. (2018): Bestandsüberwachung von Birkhuhn *Tetrao tetrix* und Alpenschneehuhn *Lagopus muta* in ausgewählten Gebieten der Schweizer Alpen 1995–2017. Der Ornithologische Beobachter 115: 205–214.

Braunisch, V. & Suchant, R. (2013): Aktionsplan Auerhuhn *Tetrao urogallus* im Schwarzwald: ein integratives Konzept zum Erhalt einer überlebensfähigen Population. Die Vogelwelt 134: 29–41.

Coppes, J., Kochs, M., Ehrlacher, J., Suchant, R. & Braunisch, V. (2015): The challenge of creating a large-scale capercaillie distribution map. Grouse News 50: 21–22.

Cramp, S. & Simmons, K. E. L. (Eds., 1979): Birds of Europe, the Middle East and North Africa: The Birds of the Western Palearctic. Vol. II Hawks to Bustards. Oxford University Press, Oxford.

del Hoyo, J., Elliot, A. & Sargatal, J. (Eds., 1994): Handbook oft he Birds of the World. Vol. 2, New world vultures to guineafowl. Lynx Edicions, Barcelona.

Furrer, R., Schaub, M., Bossert, A., Isler, R., Jenny, H., Jonas, T., Marti, C. & Jenni, L. (2016): Variable decline of Alpine Rock Ptarmigan *(Lagopus muta helvetica)* in Switzerland between regions and sites. Journal of Ornithology 157: 787–796.

Fuschlberger, H. (1956): Das Hahnenbuch: Naturgeschichte, Hege und Jagd des Auerwildes, des Birkwildes und des Haselwildes und etwas von deren Umwelt. Mayer, München-Solln.

Glutz von Blotzheim, U. N., Bauer, K. M. & Bezzel, E. (Hrsg., 1973): Handbuch der Vögel Mitteleuropas. Bd. 5, Galliformes und Gruiformes. Akademische Verlagsgesellschaft, Frankfurt a. M.

Guillet, J. (2018): La quête de la gélinotte de bois. Mokkö Editions, Saint-Martin-le-Vinoux.

Hafner, F. & Andreev, A. V. (1998): Das Sichelhuhn: geheimnisvoller Urwaldvogel im Osten Sibiriens. Verlag des Naturwissenschaftlichen Vereins für Kärnten, Klagenfurt.

Hjorth, I. (1970): Reproductive behaviour in Tetraonidae with special reference to males. Viltrevy 7: 181–596.

Hjorth, I. (1994): Tjädern en skogsfågel. Skogsstyrelsen, Jönköping.

Huber, B. & Ingold, P. (1991): Bestand und Verteilung der Territorien des Alpenschneehuhns *Lagopus mutus* am Augstmatthorn BE. Der Ornithologische Beobachter 88: 1–7.

Hudson, P. (1986): Red Grouse: the biology and management of a wild gamebird. The Game Conservancy Trust, Inverness.

Hudson, P. & Newborn, D. (1995): A manual of red grouse and moorland management. The Game Conservancy Trust, Fordingbridge.

Hudson, P. J. & Rands, M. R. W. (Eds., 1988): Ecology and management of gamebirds. BSP Professional Books, Oxford.

Ingold, P., Huber, B., Mainini, B., Marbacher, H., Neuhaus, P., Rawyler, A., Roth, M., Schnidrig, R. & Zeller, R. (1992): Freizeitaktivitäten – ein gravierendes Problem für Tiere? Der Ornithologische Beobachter 89: 205–216.

Isfendiyaroğlu, S., Welch, G. & Ataol, M. (2007): The Caucasian black grouse *Tetrao mlokosiewiczi* in Turkey: recent survey results and conservation recommendations. Wildlife biology 13 (Suppl. 1): 13–20.

Keller, V. et al. (2020): European Breeding Bird Atlas 2: distribution, abundance and change. Lynx Edicions, Barcelona.

Klaus, S. (1984): Predation among capercaillie in a reserve in Thuringia. S. 334-346 in: Lovel, T. & Hudson, P. (Eds.): 3rd international grouse symposium, York 1984. World Pheasant Association, Reading.

Klaus, S. (1994): To survive or to become extinct: small populations of tetraonids in Central Europe. S. 137–152. In: Remmert, H. (Ed.): Minimum animal populations. Ecological Studies 106. Springer, Heidelberg.

Klaus, S. & Andreev, A.V. (1991): Das Sichelhuhn – „Wundervogel" der Amurtaiga. Die Voliere 14: 68–72.

Klaus, S. & Andreev, A.V. (2003): *Falcipennis falcipennis* (Hartlaub 1855) Sichelhuhn. In: Martens, J., Eck, S. & Sun, Y.-H. (Eds.): Atlas der Verbreitung paläarktischer Vögel. Lieferung 20. Erwin-Stresemann-Gesellschaft für paläarktische Avifaunistik, Berlin.

Klaus, S., Andreev, A.V., Bergmann, H.-H., Müller, F., Porkert, J. & Wiesner, J. (1989): Die Auerhühner *Tetro urogallus* und *T. urogalloides*. Die Neue Brehm-Bücherei Band 86. A. Ziemsen Verlag, Wittenberg Lutherstadt.

Klaus, S., Andreev, A.V., Lieser, M. & Suchant, R. (2018): Sichel-, Hasel- und Steinauerhuhn – Taigavögel im Fernen Osten Russlands. Der Ornithologische Beobachter 115: 291–304.

Klaus, S. & Bergmann, H.-H. (2004): Situation der waldbewohnenden Raufußhuhnarten Haselhuhn *Bonasa bonasia* und Auerhuhn *Tetrao urogallus* in Deutschland – Ökologie, Verbreitung, Gefährdung und Schutz. Beiträge zur Vogelkunde 125: 283–295. Themenheft Vogelmonitoring.

Klaus, S., Bergmann, H.-H., Marti, C., Müller, F., Vitovič, O.A. & Wiesner, J. (1990): Die Birkhühner *Tetrao tetrix* und *T. mlokosiewiczi*. Die Neue Brehm-Bücherei Band 397. A. Ziemsen Verlag, Wittenberg Lutherstadt.

Klaus, S., Bergmann, H.-H., Wiesner, Vitovich, O.A., Etzold, J. & Sultanov, E. (2003): Verhalten und Ökologie des Kaukasusbirkhuhns *Tetrao mlokosiewiczi* – stumme Balz am steilen Hang. Limicola 17: 225–268.

Klaus, S. & Ludwig, T. (2015): Ökologie, Verhalten und Schutz des Haselhuhns *Bonasa bonasia* im Böhmerwald (Šumava, Tschechien). Schriftenreihe des Landesjagdverbands Bayern e.V. 22: 45–54.

Klaus, S., Martens, J., Andreev, A.V. & Sun, Y.-H. (2003): *Bonasa bonasia* (Linnaeus, 1758), Haselhuhn. In: Martens, J., Eck, S. & Sun, Y.-H (Hrsg.): Atlas der Verbreitung paläarktischer Vögel. Lieferung 20. Erwin-Stresemann-Gesellschaft für paläarktische Avifaunistik, Berlin.

Klaus, S., Scherzinger, W. & Sun, Y.-H. (1996): Ökologie und Verhalten des Chinahaselhuhns *Bonasa sewerzowi*. Der Ornithologische Beobachter 93: 343–365.

Klaus, S., Scherzinger, W. & Sun, Y.-H. (1998): Territorial- und Werbeverhalten des Chinahaselhuhns (*Bonasa sewerzowi*). Journal für Ornithologie 139: 185–186.

Klaus, S., Scherzinger, W., Sun, Y.-H., Swenson, J. & Fang, Y. (2009): Das Chinahaselhuhn *Tetrastes sewerzowi* – Akrobat im Weidengebüsch. Limicola 23: 1–57.

Klaus, S., Selsam, P., Sun, Y.-H. & Fang, Y. (2001): Analyse von Satellitenbildern zum Schutz bedrohter Arten. Fallbeispiel Chinahaselhuhn (*Bonasa sewerzowi*). Naturschutz und Landschaftsplanung 33: 281–285.

Klaus, S. & Sun, Y.-H. (2003): *Bonasa sewerzowi* (Przewalski, 1876) Chinahaselhuhn. In: Martens, J., Eck, S. & Sun, Y.-H (Hrsg.): Atlas der Verbreitung paläarktischer Vögel. Lieferung 20. Erwin-Stresemann-Gesellschaft für paläarktische Avifaunistik, Berlin.

Klaus, S., Sun, Y.-H., Fang, Y. & Scherzinger, W. (2009b): Autumn territoriality of Chinese Grouse *Bonasa sewerzowi* at Lianhuashan Natural Reserve, Gansu, China. International Journal of Galliformes Conservation 1: 44–48.

Knaus, P., Antoniazza, S., Wechsler, S., Guélat, J., Kéry, M., Strebel, N. & Sattler, T. (2018): Schweizer Brutvogelatlas 2013–2016: Verbreitung und Bestandsentwicklung der Vögel in der Schweiz und im Fürstentum Liechtenstein. Schweizerische Vogelwarte, Sempach.

Kvasnes, M.A.J., Pedersen, H.C., Storaas, T. & Nilsen, E.B. (2014): Large-scale climate variability and rodent abundance modulates recruitment rates in Willow Ptarmigan (*Lagopus lagopus*). Journal of Ornithology 155: 891–903.

Kvasnes, M.A.J., Pedersen, H.C., Storaas, T. & Nilsen, E.B. (2017): Vegetation type and demography of low density willow ptarmigan populations. The Journal of Wildlife Management 81: 174–181.

Larsen, B. B., Wegge, P. & Storaas, T. (1982): Spacing behaviour of capercaillie cocks during spring and summer as determined by radio telemetry: S. 124–130. In: Lovel, T. W. I. (Ed.): Grouse: Proceedings of the second International Symposium on Grouse at Dalhousie Castle, Edinburgh. World Pheasant Association, Exning.

Leclercq, B. & Ménoni, E. (2018): Grand tétras. Biotope Editions, Mèze.

Lorenz, T. (1887): Beitrag zur Kenntniss der ornithologischen Fauna an der Nordseite des Kaukasus. Liessner & Romahn, Moskau, S. 46–55.

Lucchini, V., Höglund, J., Klaus, S., Swenson, J. & Randi, E. (2001): Historical biogeography and mitochondrial DNA phylogeny of grouse and ptarmigan. Molecular Phylogenetics and Evolution 20: 149–162.

Ludwig, G. (2009): Impact of climatic and environmental change on Finnish grouse populations. Suomen Riista 55: 7–18 (finnisch mit englischem Summary).

Marcström, V., Kenward, R. E. & Engren, E. (1988): The impact of predation on boreal tetraonids during vole cycles: An experimental study. Journal of Animal Ecology 57: 859–872.

Marti, C. (1985): Unterschiede in der Winterökologie von Hahn und Henne des Birkhuhns *Tetrao tetrix* im Aletschgebiet (Zentralalpen). Der Ornithologische Beobachter 82: 1–30.

Marti, C. (2017): Neue Balzplätze und Verschiebungen: Birkhähne im Alpenschneehuhngebiet. Der Falke 9/2017: 32–37.

Marti, C. (2018): Schutz des Birkhuhns in den Alpen: Einflüsse von touristischen Erschließungen und Klimawandel. Naturschutz und Landschaftsplanung 50: 242–249.

Marti, C. & Bossert, A. (1985): Beobachtungen zur Sommeraktivität und Brutbiologie des Alpenschneehuhns *Lagopus mutus* im Aletschgebiet (Wallis). Der Ornithologische Beobachter 82: 153–168.

Marti, C., Bossert, A. & Pauli, H. R. (2016): Bestand und Verbreitung von Birkhuhn *Tetrao tetrix* und Alpenschneehuhn *Lagopus muta* im Aletschgebiet von 1970 bis 2015. Der Ornithologische Beobachter 113: 1–30.

Marti, C. & Pauli, H. R. (1985): Wintergewicht, Masse und Altersbestimmung in einer alpinen Population des Birkhuhns *Tetrao tetrix*. Der Ornithologische Beobachter 82: 231–241.

Marti, C., Pauli, H. R. & Bossert, A. (2016): Tageszeitlich früher Aktivitätsbeginn des Birkhuhns *Tetrao tetrix* im Aletschgebiet. Der Ornithologische Beobachter 113: 252–255.

Meile, P. (1982): Wintersportanlagen in alpinen Lebensräumen des Birkhuhns *Tetrao tetrix*. Veröffentlichungen der Universität Innsbruck 135.

Mikoláš, M., Svitok, M., Bollmann, K., Reif, J., Bače, R., Janda, P., Trotsiuk, V., Čada, V., Vítková, L., Teodosiu, M., Coppes, J., Schurman, J. S., Morrissey, R. C., Mrhalová, H. & Svoboda, M. (2017): Mixed-severity natural disturbances promote the occurrence of an endangered umbrella species in primary forests. Forest Ecology and Management 405: 210–218.

Miquet, A. (1990): Mortality in black grouse *Tetrao tetrix* due to elevated cables. Biological Conservation 54: 349–355.

Möllers, F. (1998): Zum Ausdrucksverhalten des Fichtenwaldhuhns (*Falcipennis canadensis*) mit einem Vergleich zum Sichelhuhn (*Falcipennis falcipennis*). Diplomarbeit, Universität Osnabrück.

Möllers, F., Engländer, W., Klaus, S. & Andreev, A. V. (1995): Ein Rauhfußhuhn im dichten Wald – Variabilität im Ausdrucksverhalten des Sichelhuhns *Falcipennis falcipennis*. Journal für Ornithologie 136: 389–399.

Mollet, P. (2001): Beobachtungen von Auerhühnern *Tetrao urogallus* mit aussergewöhnlichem Verhalten in der Schweiz und im Fürstentum Liechtenstein 1968–1998. Der Ornithologische Beobachter 58: 53–66.

Mortensen, A., Unander, S., Kolstad, M. & Blix, S. (1983): Seasonal changes in body composition and crop content of Spitzbergen Ptarmigan *Lagopus mutus hyperboreus*. Ornis Scandinavica 14: 144–148.

Moss, R. (2001): Second extinction of the capercaillie *Tetrao urogallus* in Scotland? Biological Conservation 101: 255–257.

Moss, R., Oswald, J. & Baines, D. (2001): Climate change and breeding success: decline of the capercaillie in Scotland. Journal of Animal Ecology 70: 47–61.

Myrberget, S. & Pedersen, H. C. (1991): Breeding distribution in relation to habitat quality in a population of Willow Grouse *Lagopus l. lagopus*. Fauna norvegica Series C, Cinclus 16: 1–5.

Niemelä, T. E. & Lindén, H. (2009): Capercaillie and the changing winter climate. Suomen Riista 55: 19–34 (finnisch mit englischem Summary).

Patthey, P., Wirthner, S., Signorell, N. & Arlettaz, R. (2008): Impact of outdoor winter sports on the abundance of a key indicator species of alpine ecosystems. Journal of applied Ecology 45: 1704–1711.

Pernollet, C. A., Korner-Nievergelt, F. & Jenni, L. (2015): Regional changes in elevational distribution of the Alpine Rock Ptarmigan *Lagopus muta helvetica* in Switzerland. Ibis 157: 823–836.

Persons, N. W., Hosner, P. A., Meiklejohn, K. A., Braun, E. L. & Kimball, R. T. (2016): Sorting out relationships among the grouse and ptarmigan using intron, mitochondrial, and ultra-conserved element sequences. Molecular Phylogenetics and Evolution 98: 123–132.

Potapov, R. L. (1985): Fauna der UdSSR – Vögel. Band III/1: Galliformes, Teil 2: Tetraonidae. Nauka, Leningrad (russisch).

Potapov, R. L. & Flint, V. E. (1989): Handbuch der Vögel der Sowjetunion. Bd. 4, Galliformes, Gruiformes. A. Ziemsen Verlag, Wittenberg-Lutherstadt.

Potapov, R. & Sale, R. (2013): Grouse of the World. New Holland Publishers, London.

Pukinskij, J. B. & Nikanorov, A. (1974): Dikusha. Ochota i ochotnichje chosjaistvo N. 7: 42–43.

Pynnönen, A. (1954): Beiträge zur Kenntnis der Lebensweise des Haselhuhns, *Tetrastes bonasia* (L.). Papers on Game Research 12: 1–90.

Revermann, R., Schmid, H., Zbinden, N., Spaar, R. & Schröder, B. (2012): Habitat at the mountain tops: how long can Rock Ptarmigan (*Lagopus muta helvetica*) survive rapid climate change in the Swiss Alps? A multi-scale approach. Journal of Ornithology 153: 891–905.

Rolstad, J. (1989): Habitat and range use of Capercaillie *Tetrao urogallus* L. in southcentral Scandinavian boreal forests. Dissertation, Department of Nature Conservation Agricultural University of Norway.

Rolstad, J., Rolstad, E. & Wegge, P. (2007): Capercaillie *Tetrao urogallus* lek formation in young forests. Wildlife Biology 13: 59–67.

Rolstad, J., Wegge, P., Sivkov, A. V., Hjeljord, O. & Storaunet, K. O. (2009): Size and spacing of grouse leks: comparing capercaillie (*Tetrao urogallus*) and black grouse (*Tetrao tetrix*) in two contrasting boreal forest landscapes. Canadian Journal of Zoology 87: 1032–1043.

Rotelli, L. (2014): I miglioramenti ambientali degli ambienti riproduttivi del Fagiano di monte (*Tetrao tetrix*) sulle Alpi. Progetto Life + TEN. Provincia Autonoma di Trento.

Santiago, S., Mulhauser, B. & Kaiser, N. (2003): Effectifs et statut de la population de gelinotte des bois *Bonasa bonasia* dans le canton de Neuchâtel (Suisse). Bulletin de la société neuchâteloise des sciences naturelles 126: 121–134.

Scherzinger, W. (2003): Artenschutzprojekt Auerhuhn im Nationalpark Bayerischer Wald 1985–2000. Hrsg. Nationalparkverwaltung Bayerischer Wald, Grafenau.

Scherzinger, W., Klaus, S., Sun, Y.-H. & Fang, Y. (2003): Ethological and acoustical characters of the Chinese grouse (*Bonasa sewerzowi*) compared with sibling hazel grouse (*B. bonasa)* and ruffed grouse (*B. umbellus*). Acta Zoologica Sinica 52 (Supplement): 293–297.

Schroth, K.-E. (1995): Evaluation of habitat suitability for Capercaillie *Tetrao urogallus* in the northern Black Forest. S. 111–115. In: Jenkins, D. (Ed.): Proceedings of the 6th International Symposium on Grouse, 20–24 September, Udine, Italy. World Pheasant Association, Reading, UK, and Istituto Nazionale per la Fauna Selvatica, Ozzano dell'Emilia, Italy.

Segelbacher, G., Höglund, J. & Storch, I. (2003): From connectivity to isolation: genetic consequences of population fragmentation in capercaillie across Europe. Molecular Ecology 12: 1773–1780.

Semenov-Tjan-Šanskij, O. I. (1960): Ekologija teterevnych ptic. Trudy Laplandskogo Gosudarstvennogo Zapovednika 5: 1–318. Deutsche Übersetzung: Die Ökologie der Birkhuhnvögel (Tetraoniden). Statens Naturvetenskapliga Forskningsråd. Översättning Nr. 106.

Sirkiä, S. & Lindén, H. (2011): New understanding of broad spatial scales in capercaillie habitat research and management. Suomen Riista 57: 7–17 (finnisch mit englischem Summary).

Slotta-Bachmayr, L. & Winding, N. (1994): Verteilung und Siedlungsdichte von Schnee- und Birkhuhn (*Lagopus mutus*, *Tetrao tetrix*) im Laufe der Vegetationsperiode im Wald- und Baumgrenzbereich (Hohe Tauern, Österreich). Der Ornithologische Beobachter 91: 195–202.

Steen, J. B. (1994): Ryper. Gyldendal Norskforlag, Oslo (norwegisch).

Storch, I. (1991): Habitat fragmentation, nest site selection, and nest predation risk in Capercaillie. Ornis Scandinavica 22: 213–217.

Storch, I. (1995): The role of bilberry in central European Capercaillie habitats. S: 116–120. In: Jenkins, D. (Ed.): Proceedings of the 6th International Symposium on Grouse, 20–24 September, Udine, Italy. World Pheasant Association, Reading, UK, and Istituto Nazionale per la Fauna Selvatica, Ozzano dell'Emilia, Italy.

Storch, I. (1997): The importance of scale in habitat conservation of an endangered species: the capercaillie in Central Europe. S. 310–330 in: Bissonette, J. A. (Ed.): Wildlife and landscape ecology. Springer, New York.

Storch, I. (compiler) (2000): Grouse: status survey and conservation action plan 2000–2004. World Pheasant Association, Reading, UK, BirdLife/SSC Grouse Specialist Group, Cambridge UK, and IUCN, Gland, Switzerland.

Storch, I. (2007): Conservation status of grouse worldwide: an update. Wildlife Biology 13 (Supplement 1): 5–12.

Storch, I. (compiler) (2007): Grouse: status survey and conservation action plan 2006–2010. IUCN, Gland, Switzerland, and World Pheasant Association, Fordingbridge.

Strauß, E., Grüntjens, T. & Meutzner, C. (2019): Faszination Birkhuhn: die letzten Ritter der Heide. Initia Verlag, Uelzen.

Suchant, R. (2002): Die Entwicklung eines mehrdimensionalen Habitatmodells für Auerhuhnareale (*Tetrao urogallus* L.) als Grundlage für die Integration von Diversität in die Waldbaupraxis. Schriftenreihe Freiburger Forstliche Forschung 16: 1–331.

Suchant, R. (2015): Von Auerhühnern und Menschen – ein angestrebtes Miteinander im Schwarzwald. Schriftenreihe Jagdverband Bayern e.V. 22: 15–22.

Sun, Y.-H. (1997): Winter flocking behaviour of Chinese grouse *Bonasa sewerzowi*. Wildlife Biology 3: 290.

Sun, Y.-H., Fang, Y., Klaus, S., Martens, J., Scherzinger, W. & Swenson, J. E. (2008): Nature of the Lianhuashan Natural Reserve. Liaoning Science and Technology Publishing House, P. R. China (englisch und chinesisch).

Sun, Y.-H., Klaus, S., Fang, Y., Selsam, P. & Jia, C. X. (2006): Habitat isolation and fragmentation of the Chinese grouse (*Bonasa sewerzowi*) at Lianhuashan Mountains, Gansu, China. Acta Zoologica Sinica 52 (Supplement): 202–204.

Sun, Y.-H., Swenson, J. E., Fang, Y., Klaus, S. & Scherzinger, W. (2003): Population ecology of the Chinese grouse, *Bonasa sewerzowi*, in a fragmented landscape. Biological Conservation 110: 177–184.

Swenson, J. E. (1991): Social organization of the hazel grouse and ecological factors influencing it. PhD thesis. University of Alberta.

Swenson, J. E. (1991): Is the hazel grouse a poor disperser? S. 347–352. In: Csanyi, S. & Ernhaft, J. (Eds.): Transactions of the XXth Congress of the International Union of Game Biologists, Gödöllö.

Swenson, J. E. (1993): Hazel grouse (*Bonasa bonasia*) pairs during the non-breeding season: mutual benefit of a cooperative alliance. Behavioural Ecology 4: 14–21.

Swenson, J. E., Andreev, A. V. & Drovetskij, S. V. (1995): Factors shaping winter social organisation in hazel grouse *Bonasa bonasia:* a comparative study in the eastern and western palearctic. Journal of Avian Biology 26: 4–12.

Swenson, J. & Angelstam, P. (1993): Habitat separation by sympatric forest grouse in Fennoscandia in relation to boreal forest succession. Canadian Journal of Zoology 71: 1303–1310.

Teidoff, E. (1952): Das Haselhuhn. Die Neue Brehm-Bücherei, Heft 77. Akademische Verlagsgesellschaft Geest & Portig, Leipzig.

Visinoni, L., Pernollet, C. A., Desmet, J.-F., Korner-Nievergelt, F. & Jenni, L. (2015): Microclimate and microhabitat selection by the Alpine Rock Ptarmigan (*Lagopus muta helvetica*) during summer. Journal of Ornithology 156: 407–417.

Vitovič, O. A. (1986): Ökologie des Kaukasischen Birkhuhns. Trudy Teberdinskij Zapovednika 10: 165–309 (russisch).

von der Heyde, L., Laudahn, V. & Bergmann, H.-H. (1999): Aufsuchen eines Schlafplatzes bei Alpenschneehühnern *Lagopus mutus helveticus* im Sommer. Der Ornithologische Beobachter 96: 249–254.

Wang, J., Fang, Y., Klaus, S. & Sun, Y.-H. (2012): Food selection of the Chinese grouse *Bonasa sewerzowi* in winter: the role of food density, predation risk, food quality and intake rate. Journal of Ornithology 153: 257–264.

Watson, A. & Moss, R. (2008): Grouse: the natural history of British and Irish species. Collins, London.

Wegge, P. & Kastdalen, L. (2008): Habitat and diet of young grouse broods: resource partitioning between Capercaillie (*Tetrao urogallus*) and Black Grouse (*Tetrao tetrix)* in boreal forests. Journal of Ornithology 149: 237–244.

Wegge, P. & Larsen, B. B. (1987): Spacing of adult and subadult common capercaillie during the breeding season. Auk 104: 481–490.

Wegge, P. & Rolstad, J. (2011): Clearcutting forestry and Eurasian boreal forest grouse: long-term monitoring of sympatric capercaillie *Tetrao urogallus* and black grouse *T. tetrix* reveals unexpected effects on their population performances. Forest Ecology and Management 261: 1520–1529.

Wegge, P. & Rolstad, J. (2017): Climate change and bird reproduction: warmer springs benefit breeding success in boreal forest grouse. Proceedings of the Royal Society B 264: 20171528 (doi.org/10.1098/rspb.2017.1528).

Wegge, P., Rolstad, J. & Storaunet, K. O. (2013): On the spatial relationship of males on "exploded" leks: the case of Capercaillie grouse *Tetrao urogallus* examined by GPS satellite telemetry. Ornis Fennica 90: 222–235.

Wegge, P., Vesterås, T. & Rolstad, J. (2010): Does timing of breeding and subsequent hatching in boreal forest grouse match the phenology of insect food for the chicks? Annales Zoologici Fennici 47: 251–260.

Werth, H. & Kraft, B. (2015): Untersuchungen am Birkhuhn (*Tetrao tetrix*) im Gebiet des Riedberger Horns. Berichte zum Vogelschutz 52: 99–114.

Wöss, M. & Zohmann, M. (2004): Bestandsaufnahme beim Alpenschneehuhn *Lagopus mutus* in einem Teilgebiet der Nationalparkregion Nockberge, Österreich. Der Ornithologische Beobachter 101: 209–218.

Wurm, W. (1885): Das Auerwild, dessen Naturgeschichte, Jagd und Hege: eine ornithologische und jagdliche Monographie. Carl Gerold's Sohn, Wien.

Zbinden, N. (2018): Das Birkhuhn-Monitoring im Kanton Tessin und der Einfluss der Jagd auf die Populationsstruktur. Der Ornithologische Beobachter 115: 197–204.

Zeiler, H. (2008): Birkwild, Haselhuhn, Schneehuhn. Österreichischer Jagd- und Fischerei-Verlag, Wien.

Zurell, D., Grimm, G., Rossmanith, E., Zbinden, N., Zimmermann, N. E. & Schröder, B. (2012): Uncertainty in predictions of range dynamics: black grouse climbing the Swiss Alps. Ecography 35: 590–603.

Dank

Bei der Arbeit an diesem Buch erhielten wir vielfache Unterstützung. Die Grundlagen bildeten unsere Monografien in der Neuen Brehm-Bücherei im Ziemsen-Verlag, an denen als Mitautoren Franz Müller, Jan Porkert †, Wolfgang Scherzinger, Jon Swenson, Jochen Wiesner und Oleg A. Vitovič mitwirkten und zu denen auch Oleg I. Semenov-Tjan-Šanskij † Literatur und seinen reichen Erfahrungsschatz aus lebenslanger Forschung in Schutzgebieten Russlands beigesteuert hat. Die Forschung am Chinahaselhuhn erfolgte seit 1995 in einem gemeinsamen Projekt mit Yue-Hua Sun, Yun Fang, Wolfgang Scherzinger und Jon Swenson unter Förderung durch die Deutsche Forschungsgemeinschaft (DFG) und der National Science Foundation of China (NSFC). Den Start der Forschungen am Sichelhuhn in der Amur-Taiga förderte die Deutsche Ornithologen-Gesellschaft (DO-G), die Arbeiten unserer Mitautoren (Alexander V. Andreev und Franz Hafner) im Folgeprojekt das Institut für Wildbiologie und Jagdwirtschaft der Universität für Bodenkultur Wien (Hartmut Gossow).

Für gemeinsame Expeditionen in ihre Untersuchungsgebiete, Hüttenunterkunft, Literaturtausch und anregende Fachdiskussionen danken wir Hans Aschenbrenner, David Boag †, Kurt Bollmann, Desmond Dugan, Walter Eccli, Pekka Helle, Jacob Höglund, Kenny Kortland, Harto Lindén, Jochen Martens, Emanuel Ménoni, Marc Montadert, Robert Moss, Hans Christian Pedersen, Jørund Rolstad, Tor Spidsø, Michael Schroeder, Ilse Storch, Rudi Suchant , Ene Viht und Per Wegge.

Aus ihrem Schatz an Bilddokumenten stellten uns Arnulf Christner, Desmond Dugan, Wiltraud Engländer, Jochen Fünfstück, Jean Guillet, Klaus Herbert, Simon Kertys, Christian Kofler, Arsenij V. Krečmar, Martti Rikkonen, Franz Robiller sen., Jørund Rolstad, Karl-Heinz Schindlatz, Karl-Eugen Schroth, Ralf Siano, Yue-Hua Sun, Ilya Ukolov, Christoph Unger, Johannes Wassermann, Hilmar Wichmann, Jochen Wiesner, Maurice Voyame, Jani Ylikangas und Fang Yun ihre besten Fotos zur Verfügung. Als künstlerische Beigabe fertigte Franz Müller die Federtafeln an. Christine und Peter Barthel halfen mit Unterlagen und Fotos aus dem Fundus der Zeitschrift Limicola. Ivan Belajev, Wiltraud Endländer, Melanie und Jan Haft halfen bei der Erstellung und Bearbeitung der Videosequenzen.

Für langjährige Kooperation zur Erhaltung der Raufußhühner in Thüringen gilt unser Dank Mario Amme, Wolfgang Boock, Wolfgang Dietzel, Volker Gebhardt, Hartmuth Hoffmann, Pier Pernutz, Heinrich XII Prinz Reuss, Ralf

Siano, Luise Stephani, Mario Melle, Mike Wagner, Jochen Wiesner, Eberhard Weise, Ulla Wilmering, Walter und Michael Wennrich und Christoph Unger.

Über all die Jahre wurden unsere Arbeiten zum Schutz und zur Erforschung der Raufußhühner in vielfältiger Weise unterstützt von einem international agierenden Freundes- und Kollegenkreis der Hühnerforscher, der Grouse/Galliformes Specialist Group der IUCN mit ihren internationalen Raufußhühner-Symposien.

Für finanzielle Förderung der Drucklegung danken wir Dieter Franz und der Stiftung Naturschutz Thüringen, dem Vorstand von ThüringenForst und der World Pheasant Association (WPA), Sektion BRD e. V., und für hervorragende verlegerische Betreuung dem Aula-Verlag Wiebelsheim (Gerhard Stahl und Georg Grothe).

Zuletzt und vor allem möchten wir unseren Familien danken, die mit viel Geduld unsere langjährigen Aktivitäten zum Schutz und zur Erforschung der Raufußhühner toleriert und unterstützt haben.

Siegfried Klaus und Hans-Heiner Bergmann
Jena und Bad Arolsen, im Mai 2020

STIFTUNG NATURSCHUTZ THÜRINGEN
... mit Herz für die Natur

THÜRINGENFORST
Wir machen den Wald. Für Sie!

WORLD PHEASANT ASSOCIATION
www.wpa-deutschland.de

Register

Fett gedruckte Seitenzahlen weisen auf die jeweiligen Artkapitel hin. Sternchen kennzeichnen Seiten, auf denen ein Foto zum Thema zu finden ist. Bloß zum Vergleich erwähnte Arten sind nicht aufgeführt, die Seiten mit den Fakten am Ende jedes Artkapitels nicht erschlossen.

Bildnachweis

Die angefügten Buchstaben bezeichnen die Position auf der Seite (o = oben, m = Mitte, u = unten, li = links, re = rechts usw.)

Andreev, A. V.: 20 u, 30, 74, 76 u, 77, 80, 81 o li, 81 o re, 81 u, 82 o, 86, 87 u, 91 u li, 170 o, 174 o u, 178 m, 208 u, 211 o u, 212 o, 214 o, 218, 220 u li
Bergmann, H.-H.: 155 u re, 201, 206 u li, 221 u li
Christner, A.: 102 u
Dugan, D.: 25, 46, 222 o, 224 u, 230 m, 230 u, 231 u, 232, 234 u li, 235 u li u re
Engländer, W.: 202, 203
Fünfstück, H.-J.: 42
Hafner, F.: 15 u, 20 o, 21 o, 29 o, 37, 50 o, 52 o, m, u, 82 u, 84 u, 148 o u, 150, 170 o u, 172 o, 180 u, 186 u li u re, 187 u li u re, 206 u re, 212 m
Guillet, J.: 147 u
Herbert, K.: 73 u li, 117 u re
Kertys, S.: 140, 148 m
Klaus, S.: 10, 11 o u, 12, 13 o u, 14, 15 o, 16, 17, 18, 21 u, 22, 27 o, 27 u li u re, 28, 29 u, 32, 33, 34, 35, 36, 39, 40, 41, 43, 44 o u, 45, 47 u li u re, 48 o, 49 u, 50 u, 51 o, 54 o u, 55, 56, 57 u, 58 o u, 60, 62, 64, 66, 67, 68, 72 u li u re, 73 u re, 75, 76 o, 78 o u, 79, 83, 84 o, 92 o u, 94, 95 o, 96 o u, 97 o u, 98 u li u re, 100 o u, 101 o u, 102 o, 104, 105, 106, 107, 108, 109, 110, 112, 113, 116, 117 u li, 119, 121 o, 122, 123, 124, 130, 131, 132 o u, 133 o u, 134, 135 o u, 138 u re, 139 u li, 141, 142 o u, 143 u, 146 o u, 147 o, 149 o, 151, 154 u li u re, 156 o, 157, 158 o m u, 159, 160 o u, 161, 162 o, 164, 165 o, 166 o m u, 168 u li u re, 169 u li u re, 171, 172 u li u re, 173, 175 u, 176 o u, 178 u, 179 o u, 180 o, 181 o u, 182, 183 o, 188 o, 190 u, 191 u, 192 o u, 193 u, 194 u, 195, 196, 205, 208 o, 209, 210 o u, 212 u, 213, 214 u, 216, 217, 219, 220 u re, 221 u re, 222 u, 223, 224 o, 225 o u, 226 o u, 227, 228, 229, 230 o, 234 u re
Kobler, C.: 193 o, 194 o, 196 o, 197 o u
Krečmar, A. V.: 90 u li u re, 91 u re
Marti, C.: 63, 99, 103, 188 u, 189, 199, 200, 207 u li u re
Müller, F.: 70, 71, 88, 89, 114, 115, 136, 137, 153, 167, 184, 185, 233, 236, 237
Rikkonen, M.: 8–9, 49 o, 51 u, 53 u
Robiller, F.: 48 u, 53 o
Rolstad, J. & Wegge, P.: 57 o
Schindlatz, K.-H.: 69, 85 o u, 87 o
Schroth, K.-E.: 26, 198, 204
Siano, R.: 183 u
Sun, Y.-H.: 163 o
Ukolov, I.: 120, 125, 126, 127, 128 o li o re, 128 u, 129
Unger, C.: 175 o, 178 o
Voyame, M.: 95 u, 98 o, 231 o
Wassermann, J.: 143 o, 145, 149 u
Wichmann, H.: 93, 215
Wiesner, J.: 47 o, 121 u, 138 u li, 144
Ylikangas, J.: 19 o u, 152 o u, 155
Yun, F.: 156 u, 162 u, 163 m u, 165 u

Die Autoren

Dr. Siegfried Klaus (Jahrgang 1942) arbeitete als Biologe an der Akademie der Wissenschaften der DDR in der Grundlagenforschung. 1991 wechselte er an die Thüringer Landesanstalt für Umwelt in Jena und leitete das Referat „Artenschutz, Vogelschutzwarte Seebach“ bis zur Pensionierung 2007. Seit 1960 ist er ehrenamtlich im Naturschutz aktiv mit Schwerpunkt Raufußhühnerschutz und -forschung. Dem Ziel, Wissenslücken über die heimischen Vertreter und die seltenen Geschwisterarten – Steinauerhuhn, Kaukasusbirkhuhn, Sichel- und Chinahaselhuhn – zu schließen, dienten viele Forschungsreisen in die Wildnisgebiete Skandinaviens, Sibiriens, Chinas und der Kaukasusländer. Heute stehen ökologische Fragen, Waldnaturschutz und die fachliche Begleitung von Raufußhühner-Schutzprojekten im Mittelpunkt seiner Interessen.

Prof. Dr. Hans-Heiner Bergmann (geb. 1939) war bis zu seiner Pensionierung Hochschullehrer an den Universitäten Marburg/L. und Osnabrück. Er hat sich schon als Student mit Raufußhühnern beschäftigt. Eine erste Tonaufnahme eines singenden Haselhahns im Siegerland stammt aus dem Jahr 1972. Im Team mit S. Klaus und anderen Co-Autoren entstanden später die Monografien über die Haselhühner, die Auerhühner und die Birkhühner in der Neuen Brehm-Bücherei sowie weitere populäre und spezielle Publikationen, etwa über die Wiederansiedlung des Haselhuhns. Gemeinsame Forschungsreisen führten u. a. nach Ostpolen, in den Kaukasus und verschiedene Teile Russlands sowie in die USA – den Raufußhühnern auf der Spur.